愛犬ががんと
診断されたときに読む本

Maruo Kohji
丸尾幸嗣
岐阜大学名誉教授
ヤマザキ動物看護大学名誉教授

緑書房

はじめに

愛犬との暮らしは当然幸せなものですが、ここ数年でそのありがたみを一層強く感じたという飼い主さんも多いのではないでしょうか。コロナ禍のため自宅で過ごす時間が多かったこともその一因ではあると思いますが、それだけではなく、愛犬を家族同様に扱うような社会全体の変化にあわせ、人と犬の根源的相性の良さといいますか、縁のようなものが再認識されるようになってきた、というのが実態ではないでしょうか。

しかし残念なことに、わが国では十数年前より犬の飼育頭数は徐々に減ってきています。一般社団法人ペットフード協会の調査では、2013年の871万4千頭から2022年の705万3千頭まで、10年間で大幅に減少しています。この原因としては、人の高齢化、独り住まいの増加、飼養費用の増加などが考えられますが、それにもかかわらず犬と人との絆はますます強くなっているように感じています。特に犬好きにとっては良き伴侶であり、心の平安をもたらす無二の存在といっても過言ではありません。

現代社会において、年齢にかかわらず大人の「おひとり様」が増えています。若い女性の「おひとり様」の相手は猫であることが多いですが、高齢者の「おひとり様」の相棒として犬は最良の友です。犬は猫よりも人とコミュニケーションをとる機会が多いのが特徴で、犬との散歩や食事の準備、日々のふれあいは、体と心の均衡を保つ上でとても効果的です。

昨今、犬を最期まで看取れないかもしれないという理由で、飼い主の条件の1つとして年齢制限が謳われています。確かに、飼い主が先に亡くなった場合、取り残された犬は不憫ですが、そのような場合を想定した対策を講じて、犬好きの高齢者には最期まで犬と触れ合う機会を確保できないものかと個人的には思っています。


犬と生活する私たちにとって最も気がかりなのは、犬の健康についてです。犬はほぼ2歳までに成犬になり、寿命は犬種によって異なりますが、平均して14・76歳と報告されています（2022年、一般社団法人ペットフード協会）。つまり犬は人のおよそ5倍の速さで歳を取ることになります。

犬の死因の第1位はがんで、若齢期にも少数の発生がみられますが、大部分は年齢を重ねることによって発症する、いわゆる「加齢性疾患」に分類されます。5～6歳頃からがんの発生がみられ、その後、加齢に伴って増加していきます。2～3頭に1頭はがんを発症し、多くは死に至ることになります。

がんは「加齢性疾患」であるため、高齢犬にとっては避けて通れない病気ともいえます。すなわち、がんという病気は高齢化を迎えた犬と人に共通する問題でもあるわけです。

先に記したように、犬の寿命は人より短いため、犬の看取りは飼い主がすることになり、飼い主の多くは愛犬のがんを目の当たりにします。

この本では、私が長年にわたって犬のがん診療に携わった経験を踏まえて、犬のがん治療と看護の全体像を紹介します。そして、それらの情報を参考にして、飼い主の皆さんにはどのような対応が愛犬にとって好ましいのか、一緒に考えていただければと思っています。

家族の一員である愛犬ががんと診断されたとき、全ての対応は飼い主の判断に委ねられます。難しいことですが、1つの大切な命を前にして、真剣に想いを巡らさざるを得ません。

治療により完治するがんも増えてきましたが、残念ながら相手がどういうがんであるかによって結果はほとんど決まってくるという現実もあります。

個々により長短はありますが、がんはある一定の時間をかけて少しずつ進行する病気であり、亡くなる場合には「ピンピンコロリ」とはいきません。犬のがんに向き合い、命が尽きるまで共に生活することになります。この本が、がんと診断された愛犬に対して、できるだけ悔いを残さない対応を考える一助となれば嬉しく思います。

目次

第2章 犬のがんの基本的な治療法

第3章 愛犬ががんと診断されたとき

第5章
最期を迎えるにあたって

第6章 愛犬のがんとの向き合い方11カ条

第1章

犬のがんについての基礎知識

1 がんの表記について

がん、悪性腫瘍、良性腫瘍とは

がんは悪性腫瘍《あくせいしゅよう》とも呼ばれ、自分の体の中から発生したがん細胞が分裂・増殖して制御不能となる病気です。発生部位に塊をつくり、徐々に大きくなるとともに、隣接組織にも浸潤《しんじゅん》していきます。さらに、がん細胞が血管やリンパ管を介して全身に広がり転移《てんい》を起こします。

がんの怖いところは、この転移という現象です。転移が広がり、主要臓器にも浸潤して、それらの機能を障害することにより多臓器不全となり、命にかかわることになります。

一方、良性腫瘍《りょうせいしゅよう》は増殖が緩やかで、原則として転移や浸

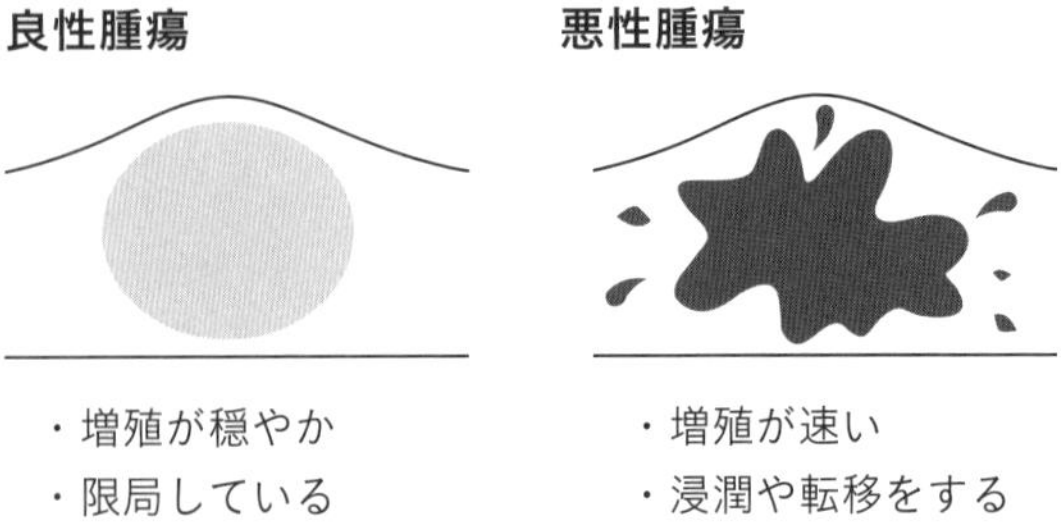

潤をしませんので、大部分の患者は治療をしなくても日常生活を支障なく過ごすことができます。ただし、良性腫瘍であっても、脳内、気道内、腸管内、尿路内などに発生し、直接全身に悪影響をおよぼす場合には治療が必要となります。厄介なのは腫瘍を見つけても、見たり触ったりするだけでは良性か悪性かを判別することはできません。犬では良性腫瘍の発生も多く、腫瘍が発生しても経過をみることもありますが、心配ならば動物病院で検査を受けることになります。

がんは局所浸潤や転移をする

悪性腫瘍であるがんと良性腫瘍の大きな違いは、転移をするかしないかということです。良性腫瘍のように局所に留まり、急激に大きくならなければ、生きていく上で重要な臓器や組織を圧迫してそれらの機能が損なわれない限り何ら問題はありません。それに対して、がんが命にかかわるのは主にこの転移という性質によるためです。

がんの転移には、リンパ管内のリンパ液にがん細胞が紛れ込んで全身に循環して転移するリンパ行性転移《こうせいてんい》と、血管内の血液に紛れ込んで転移する血行性転移《けっこうせいてんい》があります。それ以外には播種性転移《はしゅせいてんい》といわれる腹腔内や胸腔内にがん細胞が散らばり、がん

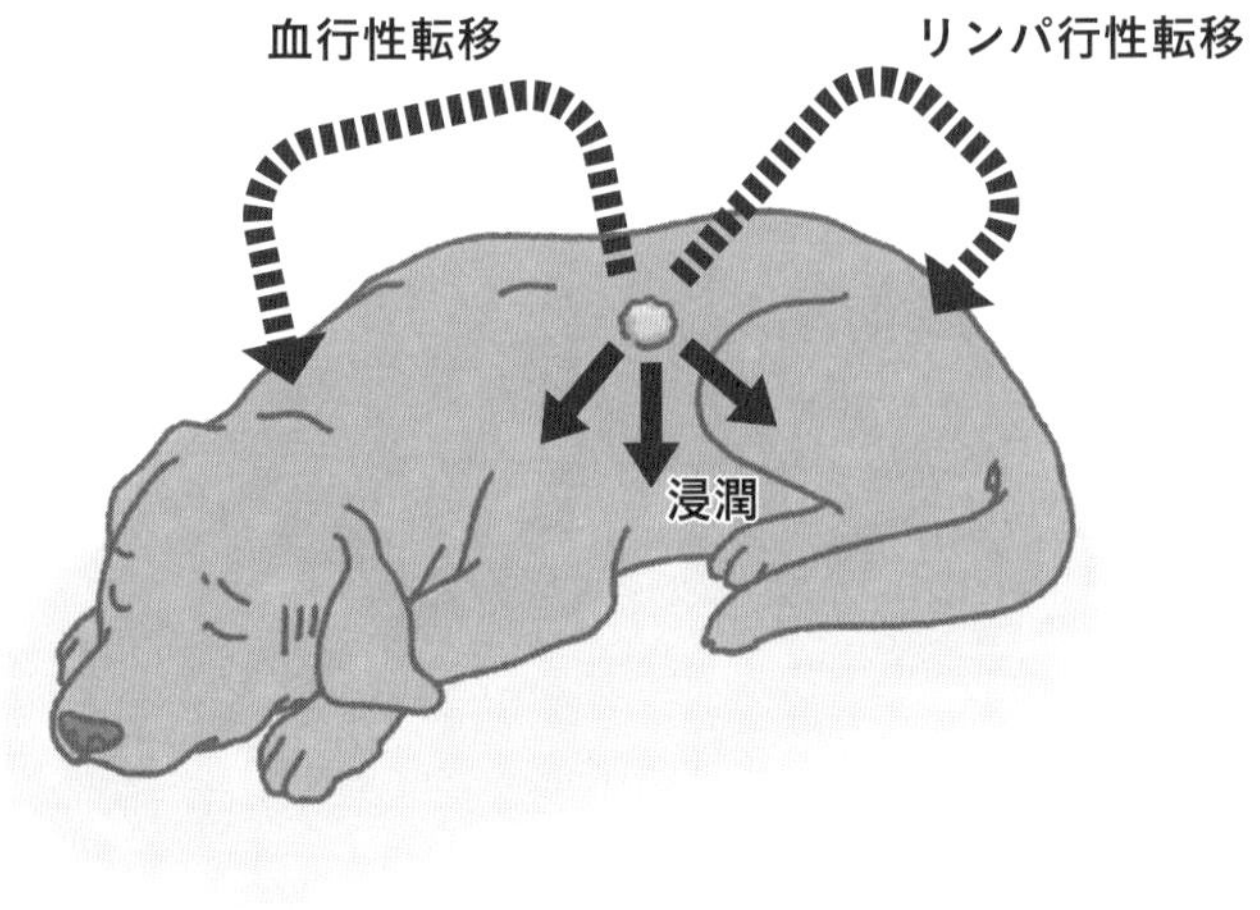

がんの転移と浸潤

性腹膜炎やがん性胸膜炎を起こすものもあります。

がんの転移はがん病巣《びょうそう》が原発部位《げんぱつぶい》から全身に広がるということで、それだけ治療も難しくなり、転移が進行するにしたがって全身の機能にも悪影響をおよぼすことになります。

転移を起こしやすい犬のがんとしては、炎《えん》症性乳癌《しょうせいにゅうがん》、血管肉腫《けっかんにくしゅ》、骨肉腫《こつにくしゅ》、悪性黒色腫《あくせいこくしょくしゅ》などがあります。

がんの怖いところは、先に記したように、転移に加えて局所に浸潤する性質があることです。浸潤とは、腫瘍本体の辺縁からカニの足のようにがん細胞が広がり、周囲の組織に入り込むことです。体表のがんでは腫瘍本体を持って左右に動かすと、周囲の組織に浸み込むようにがん細胞が増殖しているため、動きが抑制され、触診の所見として「境界不明瞭」や「可動性なし」とカルテに記載されます。

　このような腫瘍を手術で摘出した場合、カニの足の部分が取り残されて、再発の原因となることがあります。完全摘出するには、カニの足の部分も摘出できるように大きく切り取ることが必要になります。浸潤しやすい犬のがんとしては、肥満細胞腫《ひまんさいぼうしゅ》、組織球肉腫《そしききゅうにくしゅ》、血管肉腫《けっかんにくしゅ》、血管周皮腫《けっかんしゅうひしゅ》、炎症性乳癌《えんしょうせいにゅうがん》などがあります。

がん、ガン、癌は同じ意味なのか

　がんには、がん・ガン・癌などさまざまな表記があります。このいずれの表記も絶対的に間違いということはありませんが、専門的には表記の法則があります。

　専門的には悪性腫瘍は、「がん」とひらがなで統一されています。わが国の代表的悪性腫瘍の研究センターが「国立がん研究センター」と表記される所以です。したがって、ガンというカタカナ表記は専門的にはほとんど用いられません。

　がん（悪性腫瘍）は、癌腫《がんしゅ》、肉腫《にくしゅ》、造血系悪性腫瘍《ぞうけつけいあくせいしゅよう》に分類されます。癌腫は体を覆っている細胞や、体の外と通じている管腔臓器《かんくうぞうき》の内面の細胞からなる上皮性細胞《じょうひせいさいぼう》に由来する悪性腫瘍で、「癌」とも表記されます。癌腫以外の非上皮性細胞のうち、筋肉や骨などの細胞を由来とする悪性腫瘍を肉腫、血液をつくる源となる細胞由来の悪性腫瘍を造血系悪性腫瘍といいます。したがって、専門的には癌は上皮性悪性腫瘍を示し、悪性腫瘍全体を示すがんとは区別されて使われます。

また造血系悪性腫瘍は白血病など、がん細胞がバラバラな状態が多いのに対して、癌腫や肉腫は塊をつくるので固形がんともいわれます。

これらの表記は、獣医師や医師など医療関係者が通常使用しているもので、動物と人のがんの表記はほぼ共通しています。これらの表記を理解することで、がんの種類や性質、治療に対する反応性などをより深く知ることができます。

悪性腫瘍（がん）の３分類

癌腫（癌）	上皮性細胞由来
肉腫	上皮性以外の細胞由来
造血系悪性腫瘍	血液の源になる細胞由来

乳がんと乳癌の違いは

先に記したがんの分類を理解すると、「乳がん」と「乳癌」に違いがあることにも気づくかと思います。「乳がん」は乳腺の悪性腫瘍全体を表し、乳腺における上皮性と非上皮性の両方の悪性腫瘍を含んでいます。一方、「乳癌」は乳腺の上皮性悪性腫瘍のみを示し、乳腺の非上皮性悪性腫瘍は含まれません。現実的には、雌犬の乳腺悪性腫瘍（乳がん）の大部分は乳癌で占められています。

2 がんの原因は複雑だ

がんの原因は何ですか

がんになった犬の飼い主さんによく聞かれる質問として、「がんの原因はなんですか」「がんになったのは私が何か悪いことをしたせいですか」などがあります。ごくまれに原因と結果が1対1となってがんが発生する場合もありますが、大部分は原因が複雑で、しかも発生するまでに数年から10年以上もかかりますので、がんになる理由が明確ではないことがほとんどです。

老いががんの最大の原因である

がんの発生について一貫していえるのは、「老いががんの原因である」ということです。がんのほとんどは中齢期以降に発生が増加してくる加齢性の病気といえます。例外として生後すぐから数年の若い時期に発生する若齢期のがん、人では小児がんと呼ばれているものがありますが、これはがん全体の中でも特殊なものです。

また、がんは遺伝子の病気であるともいわれています。さまざまな刺激により、遺伝子に傷のついた突然変異細胞が生まれ、これががん細胞として分裂増殖していくと考えられています。

体の新陳代謝によって正常細胞が入れ替わる際にも、ごくわずかですが突然変異細胞は日常的に生まれています。若い時は体の免疫機能をはじめとする防御機能がはたらいて、遺伝子の傷を修復したり、細胞が自発的に分裂を停止したり、突然変異細胞そのものを排除したりして、がんの発生を抑制しています。歳をとってくるとこれらの防御機能が低下するため、突然変異細胞の存在を許し、がん細胞として分裂増殖する機会を与えることになります。

また、老いに加えて、特定のがんの発生に関係すると考えられている因子がいくつかありますので、それらについて紹介していきます。

受動喫煙と犬のがんとの関係

さまざまな刺激を受けて生まれる突然変異細胞の原因として、人でよく知られているのは、喫煙と肺がんの発生との関連性ですが、犬についてはどうでしょう。

まず、犬はタバコを吸いませんので、受動喫煙とがんとの関係をみてみましょう。今日、家庭で飼われている犬のほとんどは室内飼育ですので、ヘビースモーカーのいる家庭では、受動喫煙の影響は犬も受けていると考えられます。受動喫煙と犬の肺がんの発生との関係については今までに何度も検討されましたが、賛否両論の結果となり、関係ありとする試験でもきわめて弱い関係性しか示されませんでした。試験の症例数や精度も不十分であり、結論を得るためには精度の高い大規模試験が必要です。ただし、犬では肺がんの発生数はきわめて少ないので、受動喫煙の影響はあったとしてもかなり小さいと私は考えています。

肺がん以外で、受動喫煙との関係で興味深いこととして、長い鼻を持った犬種は鼻腔がんの発生が多いという報告があります。たばこの煙の有害成分のうちの大部分を

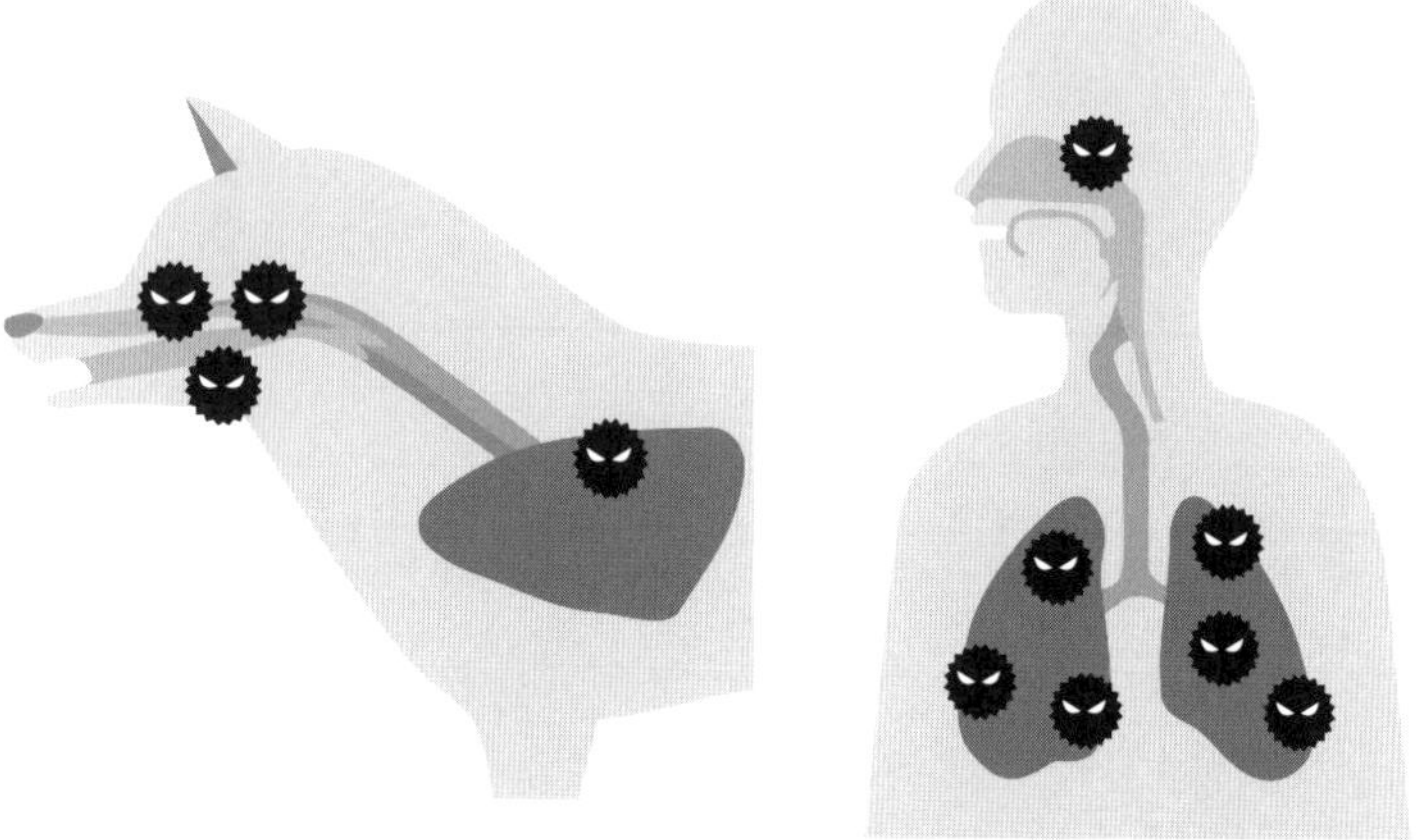

長い鼻を持つ犬では鼻腔がんが多く、人では肺がんが多い

長い鼻腔内で吸着するため、鼻腔がんは多く、肺に到達する有害成分は少ないので肺がんは少ないという考え方ができます。

それに対して、人の鼻腔は短いので、有害成分の多くは鼻腔をそのまま通過して肺に達し、鼻腔がんより肺がんの発生が多くなるというわけです。いずれにしても、犬における受動喫煙のリスクは低いですが、それでも大切な愛犬を守るため、米国獣医師会のホームページでは、"Stop Smoking – For Your Health and Your Pets' Health" と訴えています。

雌性ホルモンと乳癌の関係

わが国の雌犬において、乳腺腫瘍の発生は最も多いのですが、米国では乳腺腫瘍の発生はきわめて少なく、その原因は徹底して早期に不妊手術をするためだといわれています。雌性ホルモンが乳腺腫瘍の発生に関与しているのは確かなことですが、その関与の程度は良性乳腺腫瘍で大きく、乳癌を含む悪性乳腺腫瘍では小さいことが分かっています。

そのため、不妊手術をした犬は、乳腺腫瘍全体の発生は大きく減少しますが、発生した乳腺腫瘍の割合をみると、良性よりも悪性の乳腺腫瘍が多い結果となっています。

なお、わが国における犬の乳腺腫瘍のおよその発生割合は、良性：悪性＝1：1で、良性のおよその発生年齢のピークは10歳齢、悪性では12歳齢となっています。一般的に小型犬は良性乳腺腫瘍の発生数と割合が多く、大型犬は乳腺腫瘍自体の発生数は少ないのですが、悪性の割合が多い傾向にあります。

雄性ホルモンと肛門周囲腺腫瘍の関係

雄性ホルモンに依存して発生する腫瘍として、主に肛門の周りに腫瘍を形成する肛門周《こうもんしゅう》囲《い》腺腫瘍《せんしゅよう》があります。そのうち、約8～9割は良性の肛門周囲腺腫で、去勢をすることによって、発生および増殖を抑制することができます。発生年齢は10歳齢をピークとし、雄性ホルモンとの関係で興味深いこととして、精巣において雄性ホルモンを分泌する間細胞《かんさいぼう》の腫瘍である良性の間細胞腫瘍が発生している犬に併発することが多くみられます。

肛門周囲腺腫瘍のうち、悪性である肛門周囲腺癌の発生は比較的まれで、

犬の肛門周囲腺腫瘍

雄性ホルモン依存性はなく、あらかじめ去勢手術をしても、発生を抑制することはできません。

除草剤とリンパ腫や膀胱移行上皮癌との関係

庭の芝生に散布する除草剤の成分が、犬のリンパ腫の発生と関連しているという報告が米国でありました。その後の調査では、関連性を否定する報告もされていますが、庭で活動する機会の多い犬は注意するに越したことはないでしょう。除草剤を使用しないか、使用する場合には発がん性があると分かっている成分の除草剤を避け、最小限の使用としましょう。

また、除草剤の成分は体内に取り込まれると、尿中に排出されて、膀胱に溜まります。その際に膀胱粘膜を刺激して、膀胱《ぼうこう》移行《いこう》上皮《じょうひ》癌《がん》を発生させる可能性があります。もともと膀胱移行上皮癌を好発するスコティッシュ・テリアにおいては、除草剤の曝露によってこのがんの発生リスクが高まるという報告がされています。

それ以外の犬種においては除草剤と膀胱移行上皮癌との明らかな関係性はみられていませんが、発がんのしくみは1つの因子のみでなく、複数の因子が複雑に絡み合っていますので、原因を特定することは大変困難です。用心のため、一日中除草剤を撒いた庭に放し飼いにしないようにしましょう。

アスベストと犬中皮腫の関係

人の中皮腫《ちゅうひしゅ》の60〜88%はアスベストが原因であることが分かっています。犬においても同様にアスベストが中皮腫の主な原因であることが証明されており、中皮腫を発症した犬の飼い主は、アスベストを取り扱う職業や趣味を持っていることが多いと分かっています。犬の中皮腫の発生数はきわめて少ないのですが、進行してから気づくことが多く、1度罹患してしまうと完治が難しいがんでもあります。

ピロリ菌と犬胃癌の関係

人の胃癌の発生原因の1つとして、ピロリ菌感染が知られています。犬においても、ピロリ菌に感染した個体の報告があります。現状では犬の胃癌の発生率がきわめて低いので、ピロリ菌に感染する確率が低い、もしくはピロリ菌による発がん感受性が低いなどの要因が考えられます。注目すべきは、犬におけるピロリ菌の感染が広がったと仮定した場合に、人と同様な確率で犬の胃癌発生がみられるかどうかだと思います。

いずれにしても、犬における胃癌発生との関連性については今後の検討を待つ必要がありますが、犬におけるピロリ菌の詳細な感染状況の把握が前提となります。飼い主由来のピロリ菌が、愛犬に感染していた事例が最近報告されていますので、犬の健康管理を含めた公衆衛生上の問題としても、注目したいと思います。

日光と犬扁平上皮癌の関係

日光による皮膚がんの発生は、猫ではよく知られていますが、犬では極端に少なく、心配する必要はほとんどないと思います。唯一、日光との関係で知られているものとして、コリーノーズと呼ばれる皮膚炎があります。ラフ・コリーやシェットランド・シープドッグなどの犬種で鼻の皮膚などに発症し、慢性化する病気で、きわめてまれに扁平上皮癌に移行することもあるといわれています。

色素の薄い、白色もしくは淡色の被毛を持つ犬が高リスク群となります。一日中屋外で飼養している場合には、日光に当たりっぱなしにならない配慮をし、日中に長時間の散歩をしないようにしましょう。

日光に当たりすぎないように気を付けよう

骨折手術後に発生する肉腫

骨折手術において、骨プレート（ネジ穴のある板状金属）と骨ネジ（骨に埋め込む金属のネジ）を使って骨折部を固定する手術があります。この手術法は、一般的にしっかりと患部を固定できるのですが、まれに骨ネジが緩んで骨折部が微妙にグラついて痛みを生じ、手足の骨折であれば歩行異常を起こすことがあります。

このような異常状態が長く続くと、半年以上経ってから、患部の骨に肉腫が発生することがあります。当初は、骨プレートや骨ネジが体内で金属異物としてはたらいて、がんを発生させると考えられていましたが、今では固定不良により患部の動揺が長く続くことで、骨の慢性炎症が生じ、がんを発生させるのではないかと考えられています。

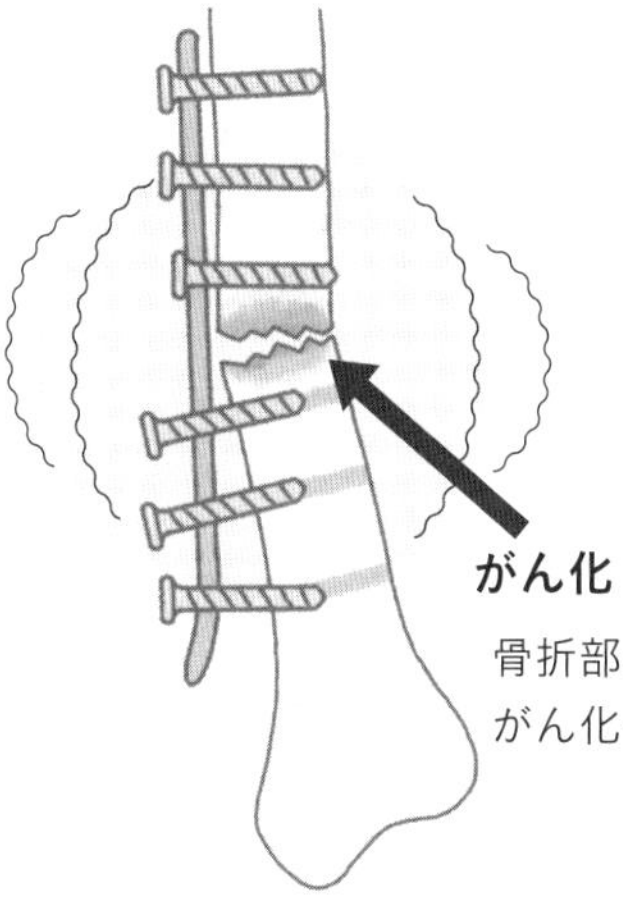

骨折部の動揺が炎症を起こし、
がん化へつながる

3 犬のがんの発生状況

犬はがんになりやすいのか

犬のがんに関心を持つと、他の動物と比べて発がん率に違いがあるのかが気になる方も多いと思います。動物別のがん発生率を比較する際の注意として、牛や豚など産業動物と呼ばれているものは寿命を全うしませんので、寿命を全うする伴侶動物である犬と単純に比較することはできません。そこで、ここでは寿命を全うする犬と猫と人の比較をしていきます。米国のがん総発生率データでは、10万頭（人）あたり犬381頭、猫264頭、人476人でがんが発生したという報告があります。わが国においても同様で、犬と人のがんの発生は猫と比べると多いというのが現状です。今後ますます高齢化が進む犬の社会では、当分がんの発生が減ることはないでしょう。

また、犬のがんの特徴として、良性乳腺腫瘍、脂肪腫、皮膚組織球腫、肛門周囲腺腫などの良性腫瘍の発生が多く、がんである悪性腫瘍の発生比率は、46・2〜59・6%

という報告があります。犬で多くみられる悪性腫瘍としては、悪性乳腺腫瘍、皮膚癌、肥満細胞腫、軟部組織肉腫《なんぶそしきにくしゅ》、口腔癌、リンパ腫、精巣腫瘍などがあります。全体として、悪性と良性の発生比率はほぼ50％ずつであるといわれています。それに対して、猫は悪性腫瘍の比率が高く、腫瘍全体の69・7％が悪性と報告されています。

犬における死因の第1位はがんで、犬種ごとの死因におけるがんの割合は、15〜55％という英国の報告があります。がんの好発犬種であるバーニーズ・マウンテン・ドッグは45・7％ががんで亡くなり、それらの平均年齢は8・0歳となっています。同様のわが国における調査では、それぞれ41・6％と8・21歳となり、日英間に大きな相違はみられませんでした。

がんには好発年齢がある

犬のがんの発生は、生涯を通じてみられます。たとえ1〜2歳であっても、ごくまれですががんになります。ただし、がんの発生数において0〜4歳頃までは小さなピークはありますが少数で推移します。5〜6歳ごろから著しく増加し、10〜12歳でピークとなり、その後寿命による飼育頭数の減少とともにがんの発生数も減少していきます。
がんの発生年齢のピークは犬種、がんの種類、犬の寿命などに影響されます。また良性腫瘍と悪性腫瘍の比率をみると、3歳までは良性腫瘍、7歳以降は悪性腫瘍の比率が高くなる傾向がみられます。犬種によりピークはさまざまですが、個人的にはゴールデン・レトリーバーの10歳は、がんの危険年齢として認識しています。なぜなら、私ががんと確定診断したゴールデン・レトリーバーたちの年齢をみると、ほとんどが10歳前後だったからです。

犬のがんの発生年齢推移の模式図

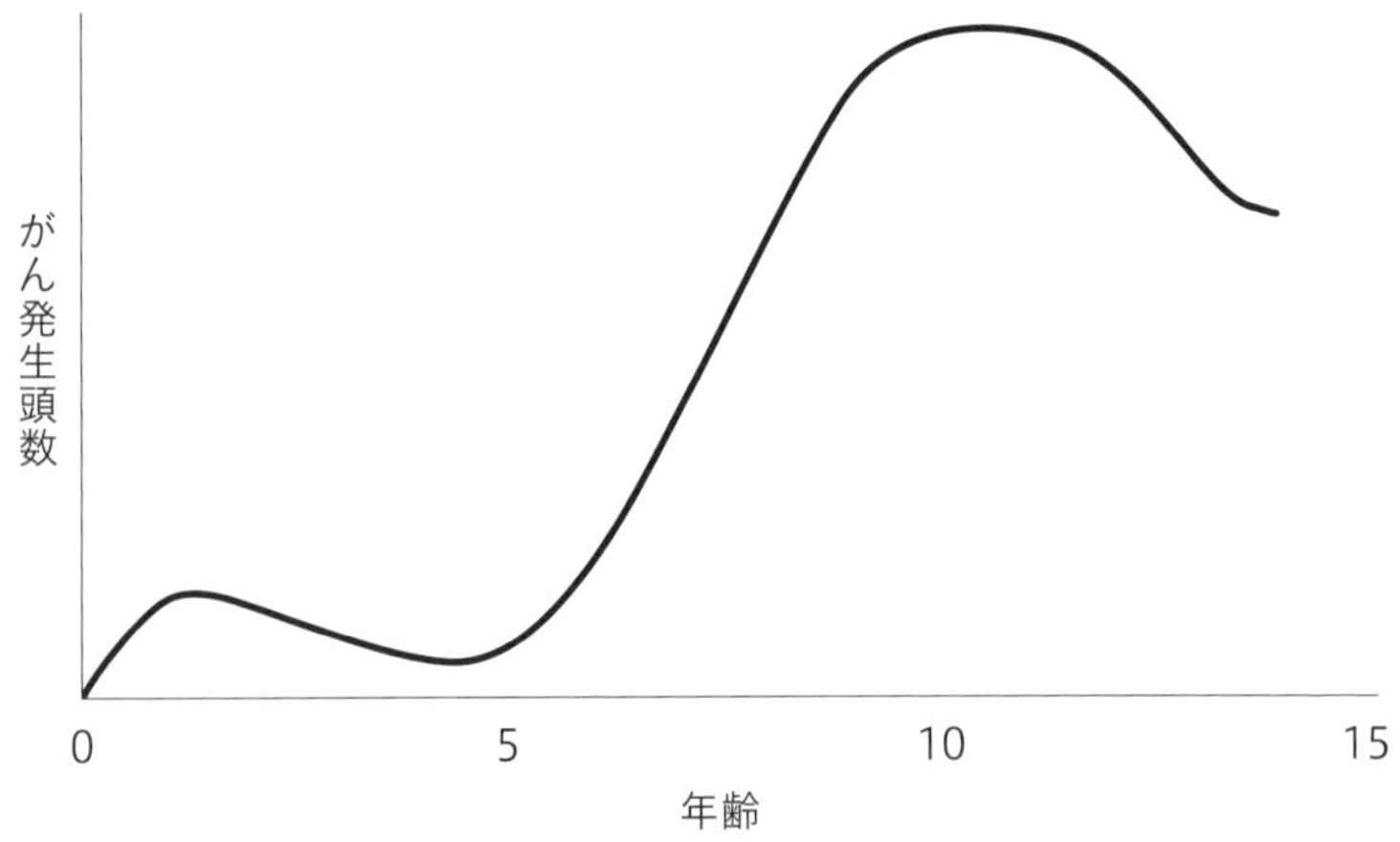

がんの発生率には性差がある

犬のがんにも人と同様に性差があり、雌犬特有の腫瘍としては、乳腺腫瘍、子宮腫瘍、卵巣腫瘍があります。乳腺腫瘍は雌犬で最も多い腫瘍で、腫瘍全体の発生総数について雌雄を比較しても、雌の乳腺腫瘍が多いため、雄よりも雌の方が腫瘍の発生が多い傾向にあります。なお、雄も乳腺腫瘍を発症しますが、発生率は雌の1％以下と非常にまれです。

逆に雄犬特有の腫瘍としては、肛門周囲腺腫瘍、精巣腫瘍、前立腺腫瘍があります。肛門周囲腺腫瘍のほとんどは雄に発生しますが、まれに不妊手術済みの雌にも発生することが知られています。犬の精巣腫瘍は猫に比べて多く、停滞精巣[(1)]は特に腫瘍になりやすく、正常精巣由来に比べて若い年齢で腫瘍化します。また、犬の前立腺腫瘍の発生はまれですが、そのほとんどは悪性の前立腺癌で、予後はきわめて不良です。

---

(1) 遺伝的な要因などにより、精巣が陰嚢へと下降せず腹腔内や鼠径部に留まっている状態。

がんを好発する犬種がある

残念ながら、わが国における全国規模で信頼できる犬種別のがん発生率のデータはありません。そこで、地域は限定されますが、一例として私たちが岐阜県で調査した主な20犬種のがん発生率の結果を示します。

バーニーズ・マウンテン・ドッグでがん発生率が著しく高く、次いでゴールデン・レトリーバー、ラブラドール・レトリーバー、ウェルシュ・コーギー・ペンブロークでした。逆にがん発生率の低い犬種は、プードル、チワワ、柴という結果になりました。

特定の犬種に好発するがんとしては、バーニーズ・マウンテン・ドッグ、ウェルシュ・コーギー・ペンブローク、フラットコーテッド・レトリーバーは組織球肉腫、ゴールデン・レトリーバーは組織球肉腫、血管肉腫、リンパ腫、肥満細胞腫、ラブラドール・レトリーバーは組織球肉腫、血管肉腫、ジャーマン・シェパード・ドッグは血管肉腫、リンパ腫、ボクサーは肥満細胞腫、スコティッシュ・テリアは膀胱癌、アイリッシュ・ウルフハウンド、セント・バーナードは骨肉腫などが挙げられます。

がんになりやすい犬たち

がんになりにくい犬たち

大型犬はがんを好発する

体格による良性腫瘍と悪性腫瘍の発生割合をみると、小型犬に比べて大型犬は悪性腫瘍の比率が高い傾向にあります。

わが国において、人気の大型犬であるゴールデン・レトリーバー、ラブラドール・レトリーバー、バーニーズ・マウンテン・ドッグは悪性比率が高く、特にバーニーズ・マウンテン・ドッグは、他の2犬種よりもおよそ3倍の悪性腫瘍発生率を示しました。

超大型犬や大型犬は骨肉腫を好発する

骨肉腫は、大型犬や超大型犬に多く発症するがんとして知られています。セント・バーナード、アイリッシュ・ウルフハウンド、グレート・デーン、ジャーマン・シェパード・ドッグ、ゴールデン・レトリーバー、バーニーズ・マウンテン・ドッグなどが代表的な犬種です。

米国では大型犬が多く飼われていますので、骨肉腫の症例は多く、日本のように小型犬の多い国ではそんなに多くはありません。人の骨肉腫は難治性のオーファンキャンサー（まれに発症するがん＝希少がん）として知られていますが、犬では人の約16倍発生しやすいので、獣医師にとっては日常的にみることの多いがんです。人では、特に10代をピークとする小児の骨肉腫が問題なのですが、症例が極端に少ないため、新しい治療薬や治療法の開発が困難な状況です。そのため、現在では犬骨肉腫の治療研究の成果を、人に応用しようとする試みがなされています。

犬骨肉腫の75％は四肢に発生します。犬骨肉腫の発症割合を体重別にみると、体重40kg以上の犬が29％を占め、そのうち95％が四肢の骨肉腫であるのに対し、15kg以下の犬はわずか5％で、そのうち41％が四肢の骨肉腫でした。これらのことから、犬の四肢骨肉腫の発生は体重と関連があることが分かります。あわせて、犬の体高も四肢骨肉腫の発生に密接にかかわっています。

骨肉腫の症状としては、四肢の腫れや、それに伴う歩行異常があり、飼い主は異常に気づくのですが、単なる関節炎、筋炎や骨の炎症と思って受診します。大型犬や超大型犬で、四肢の痛みと歩行異常が続く場合には骨肉腫を疑い、X線検査をすると明らかな骨の異常が見つかります。発症は、1～2歳齢の小さいピークと、8～10歳齢の大きなピークの2つに分かれることが特徴的です。

四肢の骨肉腫の発生部位は特徴的で、前肢は後肢より約2倍も発生率が高いのです。

興味深いことに、犬の場合には体重の負荷が前肢は後肢の約2倍かかるといわれていますが、このことは骨肉腫の発症率と一致します。体重負荷が継続的にかかることにより、骨に微細なヒビが入り、慢性炎症が続くことにより発がんすると考えられています。

また、「前肢は肘から遠い部位」、「後肢は膝に近い部位」に多く発症する傾向が認められます。これらの部位に体重の負荷が多くかかるということなのだと思います。

人と同様、さまざまな種類のがんが発生する

私が学生の頃、およそ50年前になりますが、犬の腫瘍は交尾により伝播する特殊な可移植性性器腫瘍や乳腺腫瘍などがみられましたが、人よりも種類が限定的で、症例数も少ない時代でした。しかし今日では、犬の寿命が延び、詳しくみていくと、人と同様にさまざまながんが犬でも発生することが分かっています。

ただし、人で多い胃癌、肺癌、前立腺癌、大腸癌などは犬では少なく、逆に皮膚がん、精巣がん、軟部組織肉腫、骨肉腫などは人と比べて犬の方が多いことが分かっています。

人と比較して癌腫が少なく、肉腫が多い

人のがんは上皮性の悪性腫瘍（癌腫）が多く、非上皮性の悪性腫瘍（肉腫）が少ないという傾向があります。犬はその反対で、癌腫が少なく、肉腫が多い特徴があります。

特に骨肉腫や血管肉腫などは、人では希少がんといわれていますが、犬では比較的よくみられるがんです。したがって、これらの犬のがんの研究を進めることによって、人のがん克服に貢献できる可能性があります。

皮膚に発生する肥満細胞腫は犬特有のものである

肥満細胞腫は、犬の皮膚腫瘍の中で最も発生頻度の高い腫瘍で、グレード1〜3に分類されます。グレード1は良性腫瘍のようなふるまいをしますが、グレード2と3は局所浸潤性が強く、特にグレード3は治療しても再発・転移しやすく、難治性のがんです。このように同じ肥満細胞腫といっても、治療に対する有効性に大きな相違がみられるのが特徴です。

なお、猫においても皮膚肥満細胞腫が発生しますが、細胞の形態や悪性度において犬とは異なる特性を持っています。

また、人では典型的な塊をつくる肥満細胞腫はまれで、皮膚に肥満細胞が異常に蓄積する皮膚肥満細胞症といわれる小児に蕁麻疹様の皮膚症状を生じるものと、成人に

犬肥満細胞腫のグレード分類

グレード	特徴
1	ほとんど浸潤や転移なし 適切な治療で完治
2	中等度の浸潤と転移 治るものと治らないものあり
3	重度の浸潤と転移 難治性

良 ↓ 悪

多い骨髄に肥満細胞が蓄積する全身性肥満細胞症が知られており、免疫の病気に分類されています。

完治しやすいがんと完治しにくいがん

完治しやすいがんの条件として、原発病巣が小さいこと、がん細胞が原発部に留まっていること、周囲組織に浸潤していないこと、近くのリンパ節に転移していないこと、遠くの臓器組織に転移していないことが挙げられます。このようながんは、1回の手術で完治させることができます。

完治しにくいがんの特徴には、原発病巣が大きいこと、周囲組織に浸潤していること、近くのリンパ節に転移していること、遠くの臓器組織に転移していることが挙げられます。このような場合、完治は難しいですが、進行をできるだけ抑制して、延命を目的とした治療をします。また、治療効果が期待できない場合は、犬のQOL（クオリティ・オブ・ライフ＝生活の質）を第一に考えた緩和治療や緩和ケアをすることもあります。

完治しにくいがんの種類としては、組織球肉腫、血管肉腫、骨肉腫、炎症性乳癌などがあります。これらは、発見の早い遅いにかかわらず完治は困難なことが多いがんです。

前立腺癌、中皮腫、膵癌は、犬ではまれですが、早期発見ができず進行した状態で見つかることが多い難治性のがんです。

被膜で覆われているがんとしては、首の下側に位置する甲状腺癌や、スカンクのにおい袋に相当する肛門嚢のがんである肛門嚢アポクリン腺癌などがあります。これらのがんは、初期の頃は被膜の中に癌組織が収まっていますので、手術によって被膜ごと摘出すれば、局所の再発は防げます。しかし、進行に伴って、被膜が破れて癌組織があふれて出てしまうと、手術による局所の制御が難しくなります。なお、局所の制御ができても、あとで転移が起こることは比較的よくあります。

被膜形成のないがんとしては血管周皮腫があります。被膜がないため、発生部位によっては手術で完全摘出することが難しくなります。血管周皮腫は転移をしにくいがんですが、初回の手術で完全摘出ができないと、再発を繰り返し、ＱＯＬが低下した状態が長く続きます。

一般的に、がんのグレードとステージ（57頁、5　犬のがんの発見と診断法　グレード〈病理学的悪性度〉とステージ〈進行度〉とは　参照）が進むと完治しにくくなります。典型的なものとして、皮膚肥満細胞腫があります。肥満細胞腫グレード1は完治できますが、グレード3は完治が困難となります。

例外として、若齢の大型犬の上顎に発生する線維肉腫は、グレードが低い高分化型《こうぶんかがた》なのですが、難治性です。病理組織検査で、がん細胞は良性の線維腫と間違えるほどおとなしい形態をしていますが、手術の難しい上顎に発生するのに加え、局所浸潤性が高いので、手術で完全摘出ができず、がんの進行を止めることが困難となる場合があります。

また、リンパ腫に対しては、初回の化学療法はよく効果を発揮して、病巣が消失する寛解状態になることが多いのですが、寛解したあとに再発したリンパ腫は、一転して難治性となります。

4 犬ががんにならない方法は

歳をとらないこと、すなわち不可避なこと

がんになる根源的原因が歳をとることなので、残念ながら100%がんにならない方法はありません。生物が生まれて死んでいくような生命現象、すなわち、人間の力ではおよばない自然ともいえる現象が、がんなのではないでしょうか。

医療がさらに進歩すれば、がんの発症率が低下したり、発症を遅らせたり、死亡率を低下させることはできるようになるかもしれませんが、がんにならない時代が来るとは到底考えられません。人間が自然をコントロールできないように、また永久に若者でいられないように、がんは病気というよりも生命の過程で起きる1つの現象と捉えることもできると思います。

1ついえることとは、歳をとるのは避けられませんが、老化現象をできるだけ先延ばしにすることにより、がんの発生を遅らせることはできそうだということです。

がんになる危険因子の除去

がんの原因を取り除いて、できるだけがんにならない、がんになってもできるだけ進行を遅らせるという方法があります。人では実際に「がんを防ぐための新予防12か条」として、たばこを吸わない、お酒はほどほどに、バランスのとれた食生活、適度な運動などが謳われています。

愛犬ができるだけがんにならないようにする方法としては、飼育する犬種を選ぶ際に大型犬などのがん好発犬種を避ける、バランスの取れたフードを与える、受動喫煙を避ける、不妊・去勢手術を実施する、日光を浴びさせすぎない、適度の運動をさせる、アスベストや除草剤に晒さない、などが挙げられると思います。

大型犬などのがん好発犬種を避けること

犬ががんになる確率を下げる方法

1. がん好発犬種を避ける
2. 栄養バランスの取れたフードを与える
3. 受動喫煙を避ける
4. 不妊・去勢手術を実施する
5. 日光を浴びすぎない
6. 適度の運動をさせる
7. アスベストや除草剤に晒さない

は、確かにがんになる確率を下げることができますが、大型犬が好きだから飼いたいという愛好家に、その希望を諦めてもらうのは本末転倒な気もします。実際、かくいう私も大型犬を飼っています。

不妊・去勢手術を行う

不妊・去勢手術は、寿命を延ばすことが分かっています。また、雄であれば精巣腫瘍、雌であれば乳腺腫瘍、卵巣や子宮の腫瘍など、生殖器系のがんの発生を確実に予防することができます。

一方、不妊・去勢手術により、一部のがんの発生率が高まることも明らかになってきました。しかし、不妊・去勢手術のメリットとデメリットを総合的に判断した場合、メリットの方が大きく、子供を産ませたくない場合には実施した方が良いと思います。

注意しなければならないのは、不妊・去勢手術の時期です。がんを予防する上では、成熟後すぐ、もしくは初回の発情直前の時期に実施することが最も良く、発情を何回も繰り返すと、その効果も弱くなります。

がんになりにくい犬種を選ぶ

先に記したように、がんで悩まない確実な方法として、がんになりにくい犬種を選ぶことがあります。がんの発症率の低い犬種にはプードル、チワワ、柴などがあります。ただし、愛犬家の皆さんが飼う犬を選ぶ場合、がんになりにくいかどうかではなく、好みの犬種であるかどうか、相性が合うかどうかを最優先にすると思います。だから、このアドバイスは少々無理がありますよね。プードル、チワワ、柴を好む人たちにとっては嬉しい情報ですが、がんの好発犬種であるバーニーズ・マウンテン・ドッグを飼わないようにといっても、バーニーズが大好きな人は、それでもバーニーズを選ぶでしょう。

要するに、どの犬種であっても、大なり小なりがんになる可能性はありますので、がんになる確率の違いを認識した上で、その犬の一生に寄り添い、最期まで大切にすることができれば、どの犬種であっても良いのではないでしょうか。

フードによるがん予防は今後の課題

飼い主は家族犬に毎日決まったフードのみを与えることができます。がんの発生と増殖を抑制する物質を含むフードを与えることで、がん予防を試みることができるのではないか、と私自身興味を持って研究をしてきました。

人では、毎日全く同じものを食べ続けることは至難の業ですが、家庭犬では、毎日同じがん予防フードを与えることができますので、フードによるがん予防効果があるかどうかを検証することができます。

実際に、がんの発生と増殖を抑制する候補物質として緑茶とローズマリーを選び、それらの抽出物を添加した試験フードをフード会社に製造してもらい、ゴールデン・レトリーバーとバーニーズ・マウンテン・ドッグの飼い主たちにお願いして、2年間にわたる試験を行いました。

ゴールデン・レトリーバーではがんの発生抑制傾向がみられましたが、有意差が認められず[2]、バーニーズでは対照群とほとんど相違が認められない結果となりました[3]。

試験期間が2年間と限られていたことなど、さまざまな理由によりいまだ実用化には至っておりませんが、犬だからこそできる、体に優しいがん予防の方法として、このような試みは有用なのではないかと思っています。今後、このような研究が進展することを心から願っています。

5 犬のがんの発見と診断法

日常のふれあいで発見できるがん

犬のがんは、皮膚がん、乳がん、リンパ腫が多く発症し、それぞれの発生部位は、皮膚、乳腺、主に体表リンパ節です。体表のがんが多くを占めていますので、がんを見つけやすいともいえます。

私たちの研究チームが過去に行った調査では、犬の腫瘍は体の内部よりも体表にあ

⑵ 2つの群の間に生じた差が偶然ではないと証明できること。
⑶ 候補物質を与えていない犬たち。

る確率が約5倍と断然多く、しかも体表腫瘍の約8割は飼い主が発見していました。今では犬の大部分は室内で飼われていますので、日常的な犬とのふれあいが腫瘍の発見に役立っているのでしょう。

犬の場合、年齢にかかわらず、日常的に体表の腫瘍に気づくことがあります。確率的には、その半分は良性腫瘍と考えられます。そのため、体表に腫瘍を見つけたからといって心配しすぎる必要はありません。まずは、良性と悪性を鑑別することが大切です。心配だからといって、全ての腫瘍を手術で切除することは、犬にとって体への負担が大きいので、まずは動物病院で検査をしてもらうことをおすすめします。

体の内部のがんは発見しにくい

体の内部の腫瘍は飼い主が発見できる確率が低く、ステージが進んで全身状態が低下して初めて気づくことが多いです。また、他の疾患で受診中に偶然発見されることも多くあります。

体の内部の腫瘍については、飼い主が気づかないのも仕方のないことで、異常に気づいた時にはすでに進行していて、手遅れになっていることが多いのも事実です。愛犬がそうなった場合でも、早期発見は困難なため、飼い主の責任とはいえないと思います。

対策としては、定期的にがん検診を受けることが推奨されていますが、残念ながら現在まで犬・猫における感度の高いがんスクリーニング検査はありませんでした。近年、有望ながんスクリーニング検査が開発されていますので、期待したいところです（61頁、新たながんを早期発見できるスクリーニング検査が開発されている　参照）。

診断の手順

犬のがんを疑うきっかけは、飼い主自ら腫瘤(4)に気づいたり、健康診断や他の病気で受診した際の検査で偶然腫瘍に気づいたり、犬の体調が悪くて病院に受診して明らかになる、などがあります。

---

(4) いわゆる腫れ物のことで、塊をつくる。その原因としては、腫瘍以外に炎症、血液を貯留する血腫、化膿性疾患である膿瘍、腹腔内臓器や組織が皮下に飛び出すヘルニアなどがある。

腫瘍を見つける前段階として、腫瘤を見つけます。腫瘤が見つかったら、腫瘍かどうか、がんかどうかを知るための検査を実施します。

はじめに「稟告《りんこく》をとる」といって、飼い主から愛犬の履歴、病歴、さらに腫瘤を発見した経緯やその後の経過などについて、詳しく話を聞くことから診察は始まります。次に身体検査をします。体温、心拍数、呼吸数を計測し、体を触ったり、聴診器で心音や呼吸音を聞いたりします。これらはどのような犬に対しても実施する共通した検査です。

さらに、体表に腫瘤のある犬に対しては腫瘤の大きさ、硬さ、可動性、近くのリンパ節が腫れていないかどうかを検査します。

次に、生検[5]や画像検査をする場合には、犬の全身状態を把握するための血液検査や尿検査を実施します。

腫瘤の存在を確認後は、腫瘤[6]性疾患のうち、生検をしてはいけないヘルニアなどを除外後、生検を行います。

はじめに注射針を用いる細針生検《さいしんせいけん》と呼ばれる細胞検査を実施します。これは無麻酔で行われる簡易的な検査です。採取された細胞を染色した後、顕微鏡で観察して、早ければその場で結果が出ます。リンパ腫や肥満細胞腫など特徴的形態をしている細胞は見分けがつきますが、それ以外は確定的な結論を出すのが困難な場合が多くあります。

細胞検査で細胞の由来は分かったとしても、悪性か良性か、悪性であればどの程度悪いかなど、より詳細な情報を得る必要があります。その場合には、注射針を太くしたような器具を用いて、コア生検といわれる組織検査を鎮静もしくは全身麻酔下で実施します。コア生検のコアとは組織小片を意味し、コア生検によって採取された腫瘤組織の一部について病理組織検査を実施します。この検査によって、腫瘤が腫瘍か腫瘍でないのか、良性か悪性か、悪性であればどの程度悪いものなのかを鑑別します。この病理組織検査によって、診断を確定することができます。通常、結果が出るまで数日~1週間ほどかかります。

身体検査や病理組織検査の結果からがんを疑う場合には、X線検査、超音波検査、内視鏡検査などの画像検査を駆使して、腫瘍の大きさや広がり、転移などを確認します。治療の可否や方法を最終的に決定するなど、さらに詳しく調べる必要がある場合

---

(5)組織や臓器の一部を採取して顕微鏡観察などでその性質を検査すること。
(6)腫瘍のみならず、周りの組織と異なる成分の組織が塊を形成する疾患全体のこと。

には、高度画像検査と呼ばれるＣＴ検査やＭＲＩ検査を実施します。これらの検査は１㎜大の肺転移も見逃すことはなく、全身の異常を徹底的に精査することができます。

画像検査のみでは不十分

飼い主にとって、腫瘤性疾患の中で最大の関心事は、がんかどうかです。各種の画像検査で腫瘤の詳しい情報は得られますが、原則としてがんかどうかの最終的な確定はできません。むしろがんであった場合、治療計画を立てる際にとても有用な情報を提供してくれるのが画像検査です。

生検による組織検査が不可欠である

がんかどうかの最終決定は、生検による病理組織検査に委ねられます。腫瘤性疾患はその腫瘤が何なのかを確定できなければ、適切な治療はできません。したがって、診断が確定しないまま治療を実施するということは原則としてはありません。

診断が難しい病気の場合、どうしても確定診断ができないため、次善の策として対[7]

症的治療をするということがありますが、がんについてはそのようなことは原則としてありません。

診断で把握すべきものは

愛犬ががんと診断された際に、飼い主として把握すべきことは、身体検査および画像検査で分かるがん原発病巣の局在と転移の有無および進行度（ステージ）、生検で分かるがんの種類、悪性度（グレード）、それから治療に耐えられるかどうかの目安となる犬の全身状態などがあります。

グレード（病理学的悪性度）とステージ（進行度）とは

がんの経過や治療に対する反応性を予測する上で重要なこととして、グレードとステージがあります。

(7) 病気の根治ではなく、症状をおさえることを目的とした治療。

グレードは病理学的悪性度とも呼ばれますが、腫瘍組織を採取して組織検査により決定されます。がん細胞の形や大きさ、核分裂像などを観察して、顔つき[8]の悪さによりグレード1、2、3、4などと分類します。グレード4が最もタチの悪いもので、増殖が早く、転移をしやすい傾向があります。

ステージとはがんの進行度を表し、病期ともいわれます。ステージはTNM分類により決定され、TNM分類のTは原発部のがんの大きさ、Nはリンパ節転移の有無、Mは遠隔転移の有無を表し、これら3項目の状態を総合してステージが決まります。ステージ1、2、3、4と表し、がんの病態が最も進んだ状態がステージ4です。

一般的に、グレードが高くステージが進んでいると、臨床経過は思わしくありません。まずは各種検査を実施して、グレードおよびステージ分類をして、それらの結果をもとにして適切な治療計画を立てることになります。

6 がん検診を積極的に受けるべきか

早期発見が治癒に関与することもあれば、早期発見しても完治しないがんもある

体表の腫瘍については、大半を飼い主が見つけることができますが、体の内部にできる腫瘍については早期発見が困難な場合が多く、しかも体表腫瘍に比べて命にかかわることが多いのも事実です。

体の内部の腫瘍を早期発見する上で、がん検診は有効と思われていますが、日常的なX線検査や超音波検査のみでは小さな腫瘍を見逃すおそれがあり、実は早期発見には不向きです。そのため、がんの早期の検出にはCT検査やMRI検査など高度画像

(8) 悪性腫瘍の悪性度は顕微鏡で観察でき、悪性度の高い所見があることを俗に「悪い顔つきをしている」と表現することがある。

検査を実施する必要があります。これらの検査は全身麻酔もしくは鎮静処置が必要なのに加え、費用も高額なため、飼い主にとっては手軽な検査とはいえません。

特に犬のがんの発見は、人と比べて遅れがちになるといわれています。これはがんを早期発見できる優れたスクリーニング検査がないからです。この問題に関しては次項で述べている体に優しい新たなスクリーニング検査が、信頼のおけるものとして速やかに実用化されることを願っています。そうすれば、がん検診を手軽に受けることができるようになるでしょう。早期発見の最大のメリットは、当然ながら、早期に治療を開始して根治させることができる点です。しかし、早期発見・早期治療ができても、根治できないがんも少なからずあります。そのような場合でも、飼い主は早い段階で難治性のがんであることを知ることにより、覚悟を決めて、愛犬のために今後何ができるかを真剣に考えることができます。

以上に述べたことは、一般的な考え方ですが、個人的には例外として、愛犬の年齢によっては、病院に近づかないという選択もアリかと思っています。人のがん患者に抗がん剤治療を実施すべきかどうかについて、従来は年齢とは無関係に、個々の患者の健康状態により判断していました。現在では、75歳を越えた高齢者に抗がん剤治療をしても、有効性が認められない上にＱＯＬの低下があったということで、積極的治療はしないことが一般的になっています。人の75歳は、犬では、小型犬で13〜15歳、大型犬で10〜12歳くらいでしょうか。

それから、体表の腫瘤について飼い主に知っておいてほしいのは、犬はかなり高率に腫瘤が発生する動物だということです。犬種や年齢にもよりますが、気を付けて体を触っていると、頻繁に腫瘤を見つけることがあります。そのような場合には、経過をよく観察して、急速に大きくなるようなら、病院を受診しましょう。

がんを早期発見できる新たなスクリーニング検査が開発されている

犬や猫のがんを早期発見するためのスクリーニング検査は、人に比べて有用なものが少なく、かなり進行してがんに気づくことが多いことが問題となっています。最近では、人で開発されたマイクロRNAによる検査と、線虫による検査が試験的に犬にも応用できるようになりました。マイクロRNAによる検査はリキッドバイオプシー検査とも呼ばれ、血液を採取して、がん細胞から分泌されるエクソソーム[9]内のマイク

(9) 細胞内で代謝物などを保管しておくためのポケットのような構造。

ロRNAを解析して、がんを早期診断するシステムです。血液で検査できるため、組織を採取する従来の生検と比べて患者への負担が小さく、しかも高い精度でがんの早期発見ができると見込まれています。

線虫による検査は、線虫の優れた嗅覚を利用して、がん特有の匂いを検出する画期的な方法です。尿を用いるため、患者に負担なく検査が実施できます。最近では、人での検査結果において、この検査に対する信頼性に疑問を呈する記事が見られますので、注目したいところです。

今後は犬における臨床データを蓄積することにより、これらの検査の有用性が慎重に解析・確認されていくことになります。

第2章

犬のがんの基本的な治療法

1 犬の各種がん治療法

治療の目的はさまざまである

愛犬のがん治療を検討する際には、どのような治療法であっても、まずその治療が根治させるためのものか、延命を期待するものか、QOLを改善するためのものかを獣医師に確認してください。

残念なことですが、がんは治療をすれば必ず完治する病気ではありません。早期の小さなおとなしいがんであった場合は、治る確率は高いですが、早期のがんで適切な治療をしても完治しない場合もあります。がんが完治するかどうかは、がんの種類、グレード、ステージ、犬の全身状態などが重要な要因となります。

根治が望めなくても、症状を改善し、延命させる治療ができれば、愛犬や飼い主にとって大変ありがたい場合もあります。例えば、治療しない場合と比較して、治療によって1~2年通常の生活を余分に送れると想定しましょう。犬の1~2年を人に当てはめると、小型犬で5〜10年、大型犬で6〜12年となります。飼い主との楽しい思い出づくりには十分な時間ではないでしょうか。

原発部のがんを標的にする治療法と全身に広がったがんを治療する方法がある

がんはまず原発部に出現し、それが転移によって全身に広がります。局所に留まっているうちに治療（局所療法）できれば、根治の確率は高くなります。局所療法としては、手術や放射線治療があります。

全身に広がれば局所療法は無効で、全身療法を行うことになりますが、この場合、根治率は高くはありません。全身療法としては、薬物療法や免疫療法があります。

長い治療期間を要するものと短い治療期間で済むものがある

がん治療に要する期間もさまざまです。

最も短いのは、1回の手術で根治できる場合で、術創の治癒に7〜10日かかりますが、術後に問題がなければそれで終了です。

放射線治療は症例の状態によって、週1回から週2～5回照射などを行い、全照射期間は3～5週間かかります。放射線治療による有害事象は、早期に出現するものでは発症しても1カ月くらいで治り、時間が経って出現するものは半年～数年後にわたることもあり、長期間の観察が必要となります。[1]

抗がん剤治療は週1回定期的に投与することが多く、リンパ腫の場合には抗がん剤が効けば効くほど長期にわたり、半年、症例によってはそれ以上続けることもあります。

進行がんではさまざまな治療法を併用する

小さな病巣のがんや、浸潤性および転移のないがんは、単一の治療法で根治できますが、それ以外のがんは単一の治療では根治できないため、複数の治療法を併用して実施することが一般的です。これを集学的治療《しゅうがくてきちりょう》と呼びます。

手術の結果は執刀者の技量で決まる

治療の中でも、特に手術の結果は執刀者の技量に依存します。

がんの手術は、それぞれのがんの局所浸潤性を把握して、がんの広がりを想定した適切な切除範囲を設定して、完全摘出することが目標となります。がん病巣を完全に摘出するため、周囲組織を含めて切除します。そのため、飼い主は術後に、がん病巣の大きさに対して、想定外に大きな傷を目にすることが多いと思います。

単にがんを摘出するだけの単純な手術のように思えますが、がん細胞を1個たりとも残さず完全摘出しなければならない執刀者にとっては、とても気を使う手術です。特に体の内部にあるがん病巣や、重要な臓器と隣接している場合には、どこまで臓器を含めて切除すべきかなど、大変デリケートで高度な手技が必要な場合もあります。

そのため、がんの手術を実施する執刀者は、基本的なトレーニングを受けた上で、一定以上の手術経験が必要です。

がんに対する手術では、特に初回の手術を成功させることが何より大切です。初回

(1) 治療を受けた患者に起きる望ましくない事象。薬の副作用もこれに含まれる。

の手術のあとに再発すると、２回目の手術で完全摘出できる確率は格段に下がります。執刀獣医師の経歴、専門医などの資格（127頁、第３章　愛犬ががんと診断されたとき　３　治療をする前に考えておくこと　獣医師選び　参照）、経験年数、執刀症例数などを前もって確認することをおすすめします。

手術の成功は通常、局所再発が起きないことと定義されますが、術後しばらく経って転移が出現することもあり、手術の成功＝完治ではありません。特に根治は望めないけれども、放置しておくとがん病巣が大きくなって、愛犬のＱＯＬを極端に下げるような場合には、転移の有無にかかわらず、局所の進行を抑制する

優秀な獣医師ほど多くの選択肢を持っている

目的で手術を実施することもあります。このような手術は、犬ができるだけ苦しまずに最期まで生活を送るためには大変有用なものとなります。

また、執刀者の技量がいくら良くても、それを上回る悪質ながんには勝てないということは当然のこととしてあります。そのようなことが予想される場合には、手術不適応となり、他の治療法を検討します。手術をしない決断ができることも、執刀者の技量のうちです。

体に優しく幅広い有効性を示すが、全身麻酔が必要で、高額な放射線治療

局所療法として、手術とともに放射線治療が選択できます。

手術は、1回で完全摘出できれば、とても確実な治療法です。メスを入れるため体に負担がかかりますが、手術による痛みは一時的なものです。しかし、がんが進行すると完全摘出できない場合もありますので、注意が必要です。

それに対して、放射線治療は治療装置の進歩に伴って、メスを入れない体に優しい治療法として人医療のみならず、動物医療においても治療機会が増えています。1㎝

大の小腫瘤であれば、手術と同程度の根治率を達成することができます。また、放射線治療の大きなメリットとして、手術ができなくなった進行症例にも適用することができます。

例えば、口や鼻の中のがんは手術での完全摘出が難しく、特に進行した場合には顔面の変形が著しく、愛犬にとっても飼い主にとっても耐えられない状況となります。そこで、顔の変形がひどくなる前に、根治は望めないのですが、放射線治療によりがん病巣を縮小させたり、進行を止めたりすることによって、顔の変形を予防したり最小限にすることができます。また、進行した場合でも、放射線治療によって、外見およびQOLを改善させることができます。

放射線治療は、手術と比較してQOLを大切にする体に優しい治療法ですが、人と異なり、犬では1回の照射ごとに全身麻酔をかける必要があるので、極端に全身状態の悪い犬では実施できない場合もあります。

根治を目指す場合には週5回、緩和的にがん病巣を縮小させるためには週1回の頻度で照射するなど、がんの種類や状態によってさまざまな照射方法があります。全照射期間は3~5週間かかりますが、放射線治療は通常通院して実施します。はじめにCT撮影をして照射計画を立てた後、照射日には、朝食を抜いた上で、午前中に愛犬を預け、午後に照射し、夕方に引き取ります。したがって照射日は、一日一回の食事となります。遠方から来院する場合には、相談により入院して実施することもあります。

放射線治療は費用が高額になりますので、あらかじめ費用の概算を確認しておきましょう。

放射線治療はリニアックという治療装置を使いますが、非常に高価なため、大学附属の動物病院もしくは動物総合病院のような大きな病院にしか設置されておらず、原則として個人動物病院にはありません。したがって放射線治療を受ける場合には、ホームドクターの紹介で、放射線治療のできる二次病院を紹介してもらうことになります。

なお、放射線治療の簡易法として、オルソボルテージ装置を用いる方法もあり

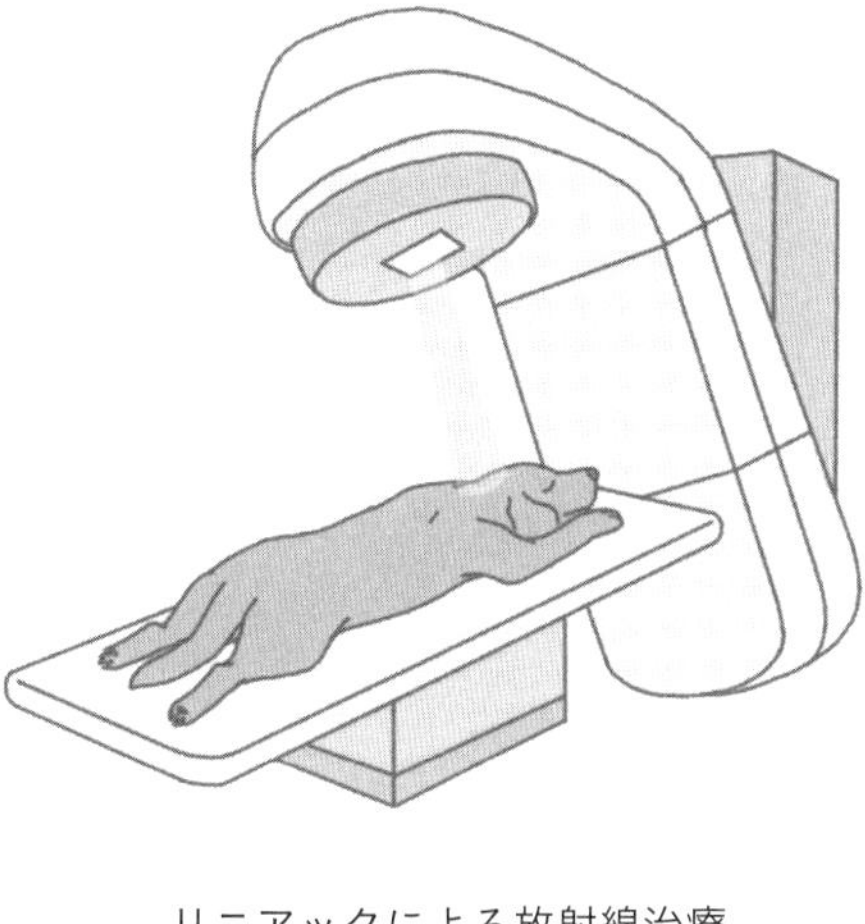

リニアックによる放射線治療

ます。装置が小型で比較的安価であるため、個人動物病院にも設置されている場合があり、主に体表のがんに対する治療に適用されます。

薬物療法には抗がん剤治療と分子標的治療がある

薬物療法としては、がん細胞をはじめとする増殖の早い細胞に対して特異的に殺作用を示す抗がん剤治療と、がん細胞の遺伝子異常によって生じる異常タンパク質を標的にして攻撃する分子標的治療があります。

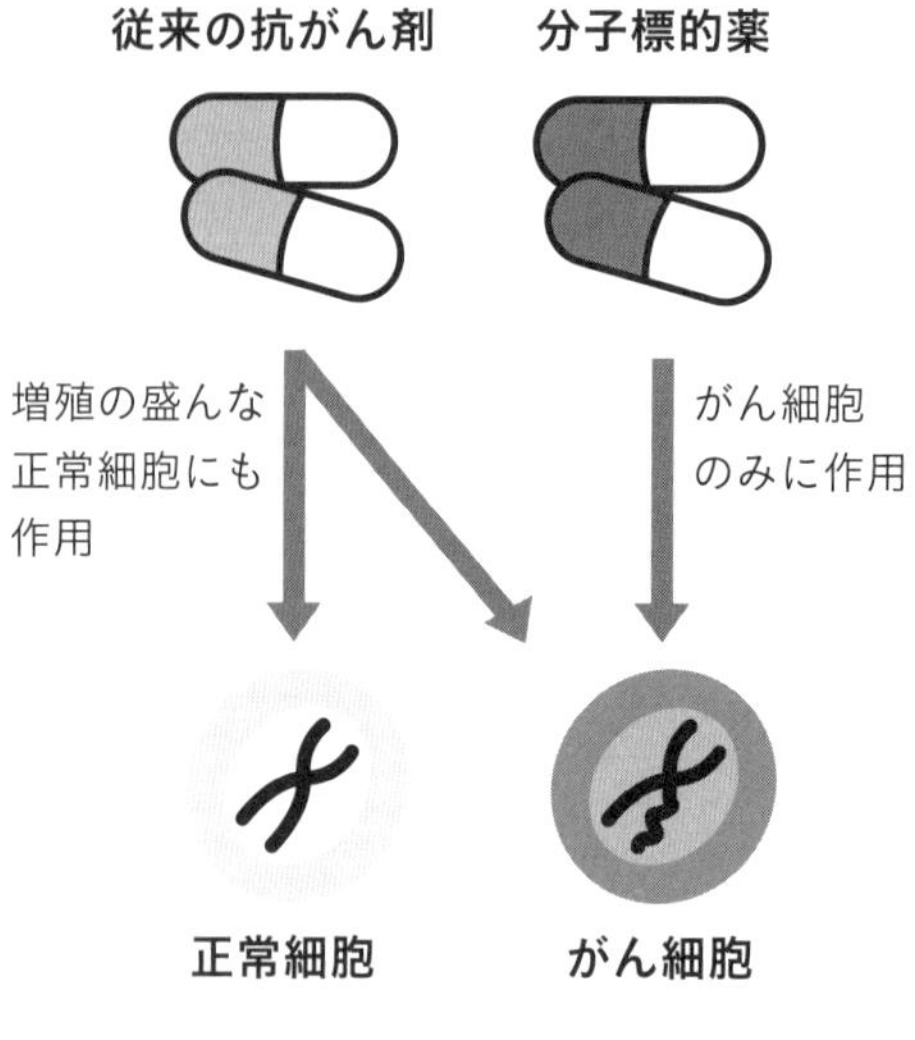

抗がん剤治療はリンパ腫以外では補助的治療である

抗がん剤は分裂増殖の旺盛な細胞に対して殺作用を発揮しますので、がん細胞はもちろん、正常細胞である骨髄の細胞、消化管上皮細胞、毛根の細胞などにも作用して、白血球の減少、嘔吐や下痢、脱毛などの副作用を伴うことがあります。

抗がん剤が最も強く効果を発揮するがんとしては、リンパ腫があります。リンパ腫は抗がん剤がよく効くことと、複数の病巣からなることが多いため、局所療法は用いずに抗がん剤単独で治療します。リンパ腫の抗がん剤治療は、がん病巣が消失する完全寛解[(2)]となっても治療を中止すると再発する可能性があるので、治療を継続する場合がほとんどで、治療期間が長期におよぶこともあります。治療を開始する前に、有効性、治療スケジュール、治療期間、副作用と対処法、費用などを確認しておきましょう。

癌腫や肉腫のような固形がんの場合には、抗がん剤治療の効果は限定的であるため、手術や放射線治療と併用して補助的に使用することがほとんどです。しかしながら、

(2) 完全寛解とは症状やがん細胞がなくなって病気に罹っていない状態になること。完全寛解しても再発することもあるので、完治とは異なる。

副作用というデメリットがあり、効果が限定的ということで、必ずしも信頼性の高い治療法とはいえないのが現状です。

固形がんに対して単独で抗がん剤を使用して、ある程度の縮小効果がみられる場合もありますが、根治には至らず、治療継続に伴って、がんが縮小後に再び急速な増殖を示す場合があります。

抗がん剤の有効性は腫瘍縮小率で判断しますが、縮小率が高いからといって、生存率は向上しない場合が多いといわれています。

脾臓血管肉腫は脾臓摘出のみでは約1～3カ月の生存期間ですが、その後に抗がん剤治療をすれば生存期間は約5～6カ月に延長します。また、すでに転移がある場合には、抗がん剤治療は無効といわれています。四肢骨肉腫は断脚術のみの生存期間は3～6カ月、そのあとに抗がん剤治療をすれば8～12カ月に延長できます。口腔内悪性黒色腫は手術もしくは放射線治療後の抗がん剤治療は無効といわれています。これらの情報は、飼い主が抗がん剤を実施するかどうかの判断材料になります。

大型犬に抗がん剤を用いる場合には、多くの量を投与するため、費用が高額になることもあります。あらかじめその有効性とともに費用の概算を確認しておきましょう。

分子標的薬は今後、薬物療法の主役になるかもしれない

がんの薬物療法として新たに加わった分子標的薬は、新薬開発が急速に進み、多くの新薬が認可されてきています。人のがん医療ではこれらの新薬が使用され、従来にない有効性を示すことが明らかになってきています。一方、投与を継続しているうちに効かなくなったり、分子標的薬はがん細胞のみに作用するので副作用はきわめて少ないという予想に反し、抗がん剤とは異なる副作用が出現することも分かってきました。

動物がん医療においてもイマチニブ（市販名グリベック）やトセラニブ（市販名パラディア）などが使用されています。これらの薬剤は、臨床において当初は犬肥満細胞腫のみを治療の対象としていましたが、その後、トセラニブはそれ以外のがんにも適応を拡大して試用されています。従来の抗がん剤に比べて優れた効果が認められる場合もありますが、副作用も全くないわけではありません。将来的には、がんの薬物療法はこの分子標的治療が主流になると思われますが、今後の長期的効果を含めた臨床データを蓄積し、これらの薬剤の評価をすることになります。

新薬は価格が高くなる傾向にありますので、分子標的治療の開始前には薬の費用に

ついて確認しておいてください。特に大型犬では要注意です。

その他の治療法

免疫療法として、活性化リンパ球療法や樹状細胞療法ががんの再発抑制やQOL改善のために一部の動物病院で実施されています。これらの臨床的有効性については、いまだ結論が出ていない状況です。今後信頼できる臨床試験が実施され、しかるべき結論が出ることを待ちたいと思います。

以上に述べてきたがんへの直接的治療以外では、がんの直接的治療を効率化させるための補助療法やQOL維持のための支持療法・緩和療法があります。これらの治療は、看護と密接にかかわるものですので、直接的治療に劣らず重要なものです。

飼い主の身体的・精神的・経済的負担を知る

自宅での24時間ケアは、愛犬との絆が強ければ強いほど、一生懸命に手を抜くことなく対応されることと思います。目を離すことなく、つきっきりで、睡眠不足になりながら日々を過ごすことになり、大変な身体的負担になります。1人で抱え込まずに、家族の協力、獣医師・愛玩動物看護師の支援、各種の代行サービスなどを利用して、なんとか乗り切っていただければと思います。

アンケート調査では、飼い主はがんに対する不安と、在宅ケアをする過程で、気分が落ち込みがちになるということが分かりました。元気になってほしいのに、愛犬の状態が徐々に悪くなり、この先どうなるのだろうと悩みながらケアをすることは、とても精神的負担の大きいことです。それでも、そのような精神状態を受け入れつつ、獣医師・愛玩動物看護師のアドバイスや支援を受けて、常に前向

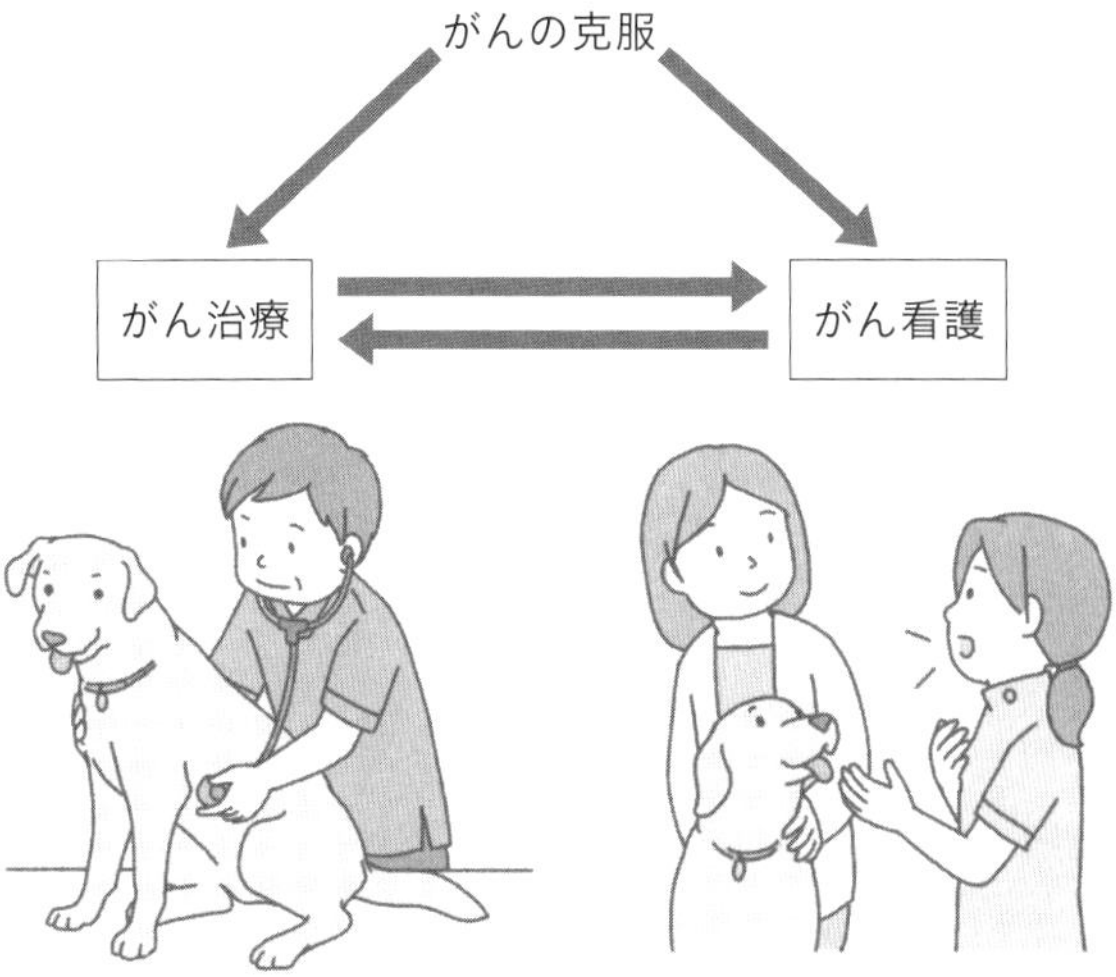

きに対処していくことが、くじけない気持ちを保つことにつながるものと思います。

愛犬のがん治療は、高度になればなるほど高額になるという現実があります。これから実施しようとしている治療について、複数の選択肢の中から選ぶ際には、それぞれのメリットやデメリットを比較するとともに、かかる諸費用も前もって確認して、総合的に判断して選択することが大切です。

2 犬のがん治療の特徴は

そもそも医療は、全体では良くても、個々では受け入れ難い結果をもたらすこともある

がん治療は医療の中の1分野であり、その有効性はあくまで確率上の効果の有無によって判断されます。そのため、全ての患者に対して満足できる結果を示すとは限りません。これは人も犬も同様です。

コロナウイルス感染による重症化を予防するためのワクチンや、人子宮頸がんを予防するためのワクチンの効果は科学的に証明されています。そのため、社会的にワクチン接種が推奨されますが、全ての人に良い結果をもたらすとは限りません。

仮に99％安全な治療法であっても、残りの1％に重度な副反応や死亡者が出れば、その亡くなった本人や家族にとっては全く受け入れられないものになります。そのような現実を踏まえて、私たちは常にがん治療の選択をしていくことになります。

がん治療は確立されたものではなく、単純な骨折や脱臼などとは異なる種類の治療である

病気はその進行速度によって急性と慢性に分けられます。単純な骨折や脱臼は急性疾患であり、一瞬のうちに衝撃を受けて異常な状態になりますが、適切な治療を受ければ元通りに治ります。

がんのほとんどは、人では数十年、犬では5～10年ほどかけて中齢から高齢にかけて発症し、治療をしても全てが必ず治るわけではありません。通常、最も治療効果が高いとされている、標準治療と呼ばれる治療法を選択しますが、現状では標準治療で

あっても全てを治すことはできません。

骨折や脱臼の治療は確立されたものですが、がんの治療はそうではなく、個々の症例で治療に対する反応性が異なるため、試行錯誤せざるを得ない部分があります。

がん治療の効果は確率や範囲で示される

がん治療の有効性は治療後の腫瘍縮小率、無病生存期間、生存期間などで評価されます。

固形がんで、大きさを測定できる病巣の場合には、治療の評価には腫瘍縮小率が用いられます。腫瘍が完全に縮小して消失した完全寛解と、一部が縮小した部分寛解を合わせた奏効率で表します。しかし、腫瘍の縮小は一時的な状態を示すもので、治癒とは無関係な場合が多く、治療効果の評価には受け入れ難い側面もあります。

完全寛解の状態を無病と捉え、無病でいられる期間の長さを示すのが無病生存期間という評価方法です。無病生存期間は、ＱＯＬが維持されている期間と言い換えることもできます。がんと全身状態の両方を評価できますが、無病生存期間の長短と生存期間の長短が一致しないこともあります。

生存期間は、現在の評価方法の中で最も妥当なものとされています。代表的指標として、人では5年生存率、犬では1年もしくは2年生存率が適用されます。どれだけ長生きできたか分かりやすい指標ですが、一方で生存期間だけではQOLの状態は分かりません。延命はできたが、治療の副作用や合併症で苦しんでいたのであれば本末転倒です。

近藤理論はQOLを重視した考え方

『患者よ、がんと闘うな』という著書で注目された放射線科医の近藤誠医師は、「がんには本当のがんと、がんに似たがんもどきがある」と提唱しました。「本当のがん」は治療しても治らず本人が治療により苦しむだけで、治療しない方が苦しまずに、しかも長生きできるとし、「がんもどき」は治療しなくても死に至ることはない、すなわち、いずれも積極的治療はすすめないという考え方です。

標準治療に対する批判のきっかけとして、当時乳癌の標準治療であった拡大切除術があります。近藤医師の推奨した縮小手術は、後遺症の出やすい拡大手術と比較して生存期間に差がなく、QOLが良好であることを強調し、その考え方がのちに科学的に証明されたという経験を述べています。また、抗がん剤は効果がなく、副作用により体調を損なうだけで、害あって益なしであるとも主張しています。

近藤医師の主張全般を通して特徴的なのは、患者のＱＯＬを最優先にして対処しましょう、ということです。つまり、患者のＱＯＬを最優先にする看護の精神を重んじる考え方で、標準治療で苦しみ、しかも短命であるなら、放置した方が妥当であるという考え方です。近藤理論は、標準治療でがんを根治できる確率はきわめて低いという体験から生まれたものだと思います。

私も近藤理論の一部分については共感しており、特に犬の難治性がんに向き合った時には近藤医師の主張に同意できます。しかし、ここで問題なのは、治療をして治る可能性のある患者が誤解してがんを放置し、積極的治療をしないまま、がんが進行して取り返しがつかない状況になることです。そのような場合には、深刻な悔いを残すこととなります。

近藤医師の生前最後の著書である『「延命効果」「生活の質」で選ぶ。最新　がん・部位別治療事典』では、必ずしもがんを放置すべきとは書いていません。例えば食事が通らなくなった食道がんに対しては、胃瘻処置をすすめています。がんへの直接的な積極的治療はしないが、がんの進行によりＱＯＬが低下した場合には放置せず、Ｑ

ＯＬを改善するために身体に侵襲的な処置も次善の策として提案をしています。医者がすすめる標準治療は否定していますが、「延命効果」のある、「ＱＯＬ」を改善させる治療は推奨しているのです。

この近藤理論は犬のがん、特に難治性がんにおいては大変参考になる考え方だと思います。

人と同様な高度医療ができる

伴侶動物のがん治療は、人の医療に類似しているといわれています。犬や猫は家族同様に可愛がられていますので、多くの飼い主は家族と同様の治療を望むことがあります。そのため、獣医学の対象動物である牛や豚など産業動物とは治療目的や治療水準が異なり、伴侶動物のがん医療は近年急速に高度化しています。

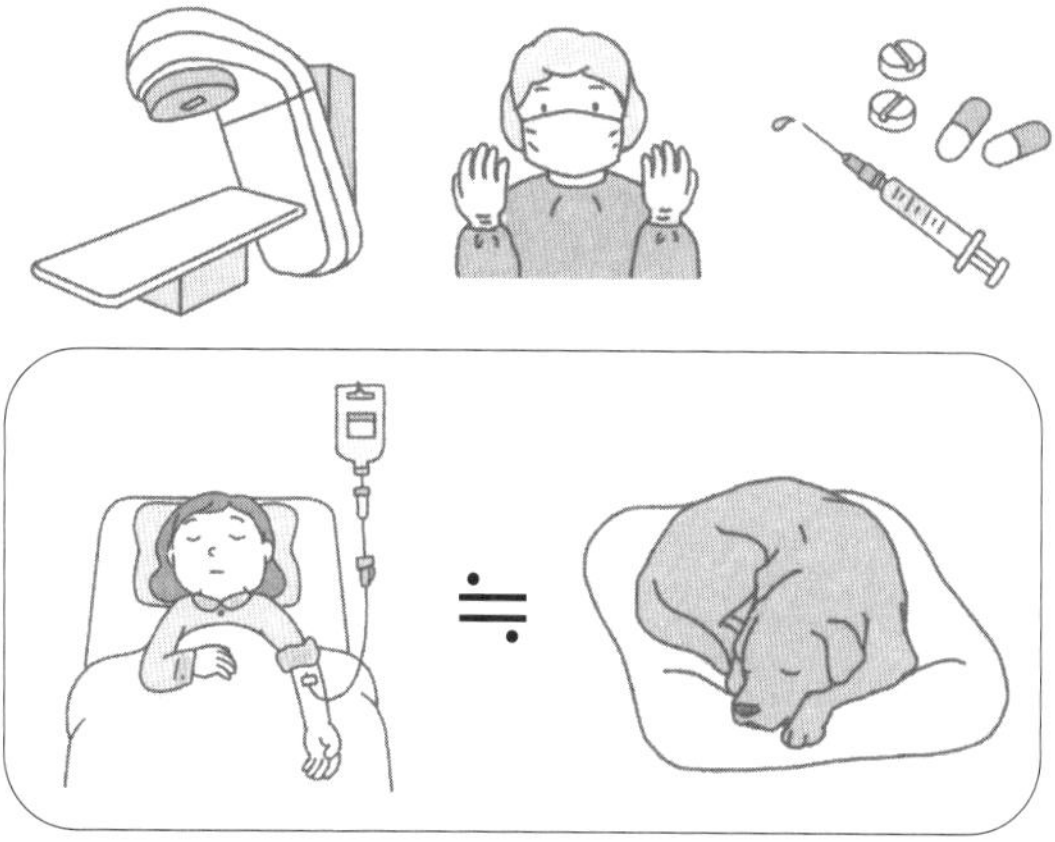

がん治療は人と犬でよく似ている

大学附属の動物病院や民間の動物総合病院では、高度画像診断ができるＣＴやＭＲＩ装置が設置されており、非常に高価な放射線治療装置であるリニアックでさえも導入されるようになっています。

犬や猫のがん医療は、人医療の情報を適切に取り入れることによって進歩している側面があり、最近では比較腫瘍学という新分野が注目されています。これは、犬・猫と人のがん医療の垣根を取り払い、一括りの医療として動物と人のがん医療情報を共有しようとする学問です。

また、人医療の先進技術を動物医療に取り入れたり、人の希少がんの治療法開発を動物医療で実施して、その成果を人に応用する試みなどが行われています。そのおかげもあって、人のがん医療で行われている治療のほとんどは、今や動物医療でも実施できる状況になってきています。

それでも動物には広まらない究極の治療がある

人のがん医療で行っていることは、ほとんど動物のがん医療でも実施可能になってきています。その中には、動物医療分野では最先端と位置付けられる究極の治療や検査もあります。私はこれを勝手に「超高度動物医療」と呼ぶことにしています。例えば、生死の境に相当する量を投与する究極の抗がん剤治療といえる入院集中治療、リンパ腫の根治治療としての造血幹細胞《ぞうけつかんさいぼう》移植《いしょく》、四肢骨肉腫による断脚術に代わる患肢温存術、臓器移植、核医学検査などがあります。しかし、これらの超高度動物医療は現状では臨床的に適用が広がっているとはいえません。

その理由はさまざまですが、抗がん剤の入院集中治療や造血幹細胞移植は飼い主がそこまで切実に希望しないこと、すなわち社会的ニーズが低いのではないかと思っています。例えば、抗がん剤の投与量を可能な限り増やせば、根治はできなくても確実に生存期間を延長させることはできます。ただし、副作用が強く出るのに加え、入院も必要になります。そこまでして、わずかな期間の延命を飼い主は望んでいないのではないでしょうか。

米国で開発された患肢温存術は、四肢の骨肉腫病巣を切除したのち、欠損部を自身もしくは他の犬の骨や代替骨で補充する手術です。人は二足歩行をするため、1本の足だけでは歩行できず、この手術の必要性は大変高くなりますが、四足歩行の犬では、断脚術によって1本の足を失っても3本の足で歩行できるため、わが国においてはこの手術の需要はほとんどありません。もっとも、手術手技的にはそれほど難しいもの

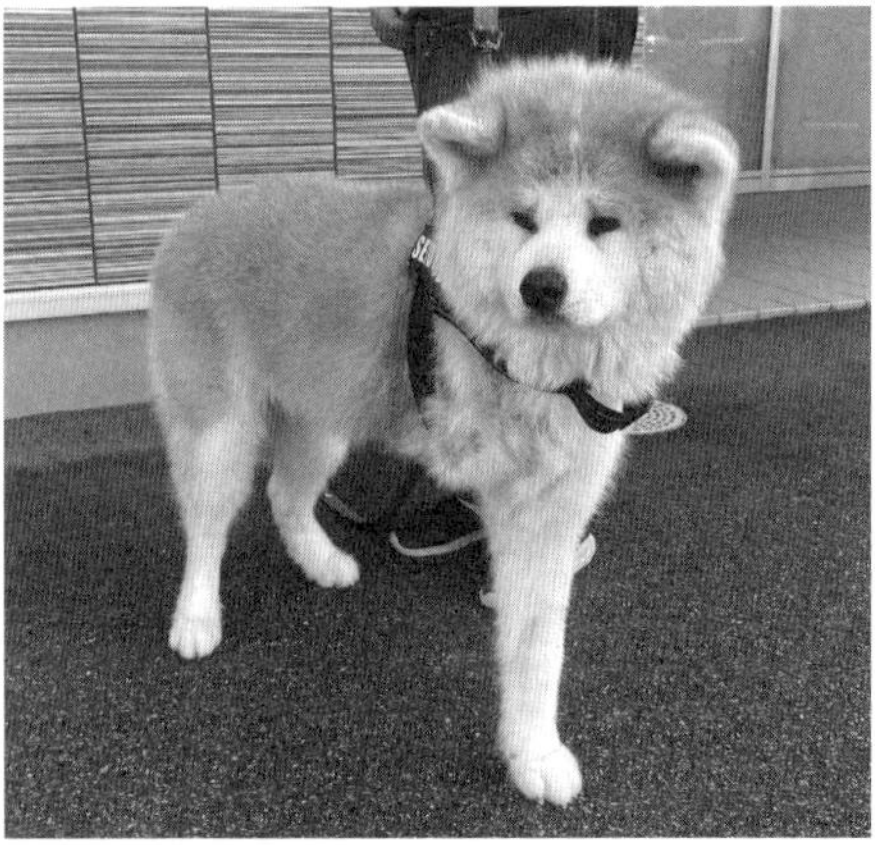

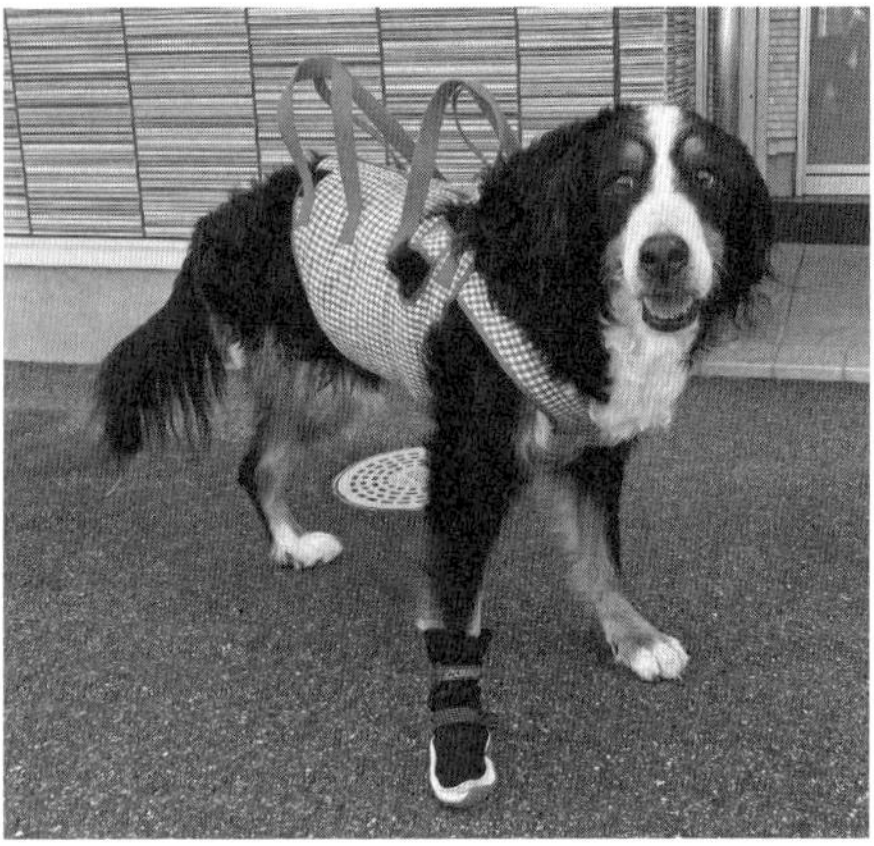

前肢（上）と後肢（下）に断脚術を実施した症例
どちらも３本の足で問題なく歩行することができる
写真提供：水野累先生（水野動物病院）

ではないので超高度動物医療とはいえないのかもしれませんが。

人では、肝臓がんが進行して肝不全になった際の究極の治療として、肝移植が選択肢にあるようです。犬における臓器移植は、臓器を提供するドナー犬の確保が大変で、治療を受けたレシピエント犬の飼い主が、ドナー犬を一生飼育しなければならないという契約を結ぶことが一般的です。そのため、がん治療に対する手段としての臓器移植はほとんど広まることはありません。

また、がんではありませんが、慢性腎臓病から腎不全になった猫に対する究極の救命手段である腎移植は、米国では実施されていますが、わが国では普及していません。常時レベルの高い腎移植チームを維持することの難しさもありますが、この治療の需要が伴侶動物においてはあまりないように思えます。

核医学検査は、前もって放射線医薬品を投与して、全身の画像を撮り、がん病巣に放射線医薬品が集積することによりがんを診断する検査です。近年、大学附属動物病院では北里大学で核医学検査ができるようになりましたが、それが他の大学に広がっていないのが現状です。特殊な検査施設・設備の設置と維持、そのためのスタッフの確保など、今のわが国の獣医大学ではそこまでの余裕がないように思えます。今後の動向に注視したいところです。

現状では超高度動物医療は普及していませんが、この理由としては、まだこれらの情報が広く周知されていないことによる社会のニーズの高まりに乏しいこと、それに関連して実施体制が整備されていないことなども考えられます。

人の場合は、1％でも治る見込みがあれば、最後の手段として究極的な治療を実施することもあります。一方、伴侶動物ではどうでしょうか。人と動物の絆が深まり、家族同様に伴侶として愛犬と生活を共にしていますが、動物の救命を究極的に探求するよりも、愛犬のＱＯＬを第一に考えていることこそが超高度動物医療が広まらない理由なのではないでしょうか。人と愛犬の命はどちらも大切ですが、全く同じ尺度では考えられないのかもしれません。

通院を原則とし、長期入院は避けたい

伴侶動物は家族である人間と一緒に生活し、人間と動物が日々絆を確かめ合えることで両者は満足し、その関係性は動物にとっても大切なものと思われます。したがって、長期間の入院は動物にとって大変なストレスとなり、長期入院後に病院で亡くなることは、飼い主としても、おそらく動物にとっても望まないことのような気がします。

できるだけ家庭でケアをしよう

長期入院を避けることは、究極の治療が行いにくいことにもつながりますが、動物のQOLを考えると根治の見込みのないがんの治療については、「通院を原則とし、長期入院は避けたい」という考え方が動物医療では一般的に受け入れられるのではないでしょうか。

第3章

愛犬ががんと診断されたとき

1 がんを特定する

具体的ながんの名称は

がんの診断は、対象となる腫瘍ががんであること、がんであればどのような種類のがんであるかを確定して初めて診断がついたということになります。獣医師からは皮膚扁平上皮癌、乳腺癌、口腔内悪性黒色腫などとがんの種類を伝えられます。

グレードとステージは

通常、診断が確定された場合には、がんの種類に加えて、グレードとステージも明らかになります。例えば、肥満細胞腫・グレード3（高悪性）・ステージ4（遠隔転移あり）と伝えられます。

グレードとステージが明らかになっていない場合は、細胞検査のみしか実施していない、画像検査などを実施していない、もしくは実施したが明確な所見が得られていない、などの理由が考えられます。

グレードとステージを知ることで、診断されたがんの状態をより詳しく把握できますので、適切な治療計画と予想される治療効果、そして治療後の経過をある程度想定することができます。

局所に限局しているか

初発の部位のがん病巣を原発巣《げんぱつそう》と呼びますが、原発巣についての評価では、がん細胞集団が被膜に覆われている、もしくは正常組織と明確に分かれている場合、限局していると診断されます。この場合、原発巣から全身に広がっていない可能性が高いので、局所療法の1つである手術によって根治できる状態といえます。一般的にはおとなしいがん、もしくは早期のがんに分類されます。

ただし、がんの種類によっては、手術で完全摘出しても、術後に転移巣が出現することもあります。

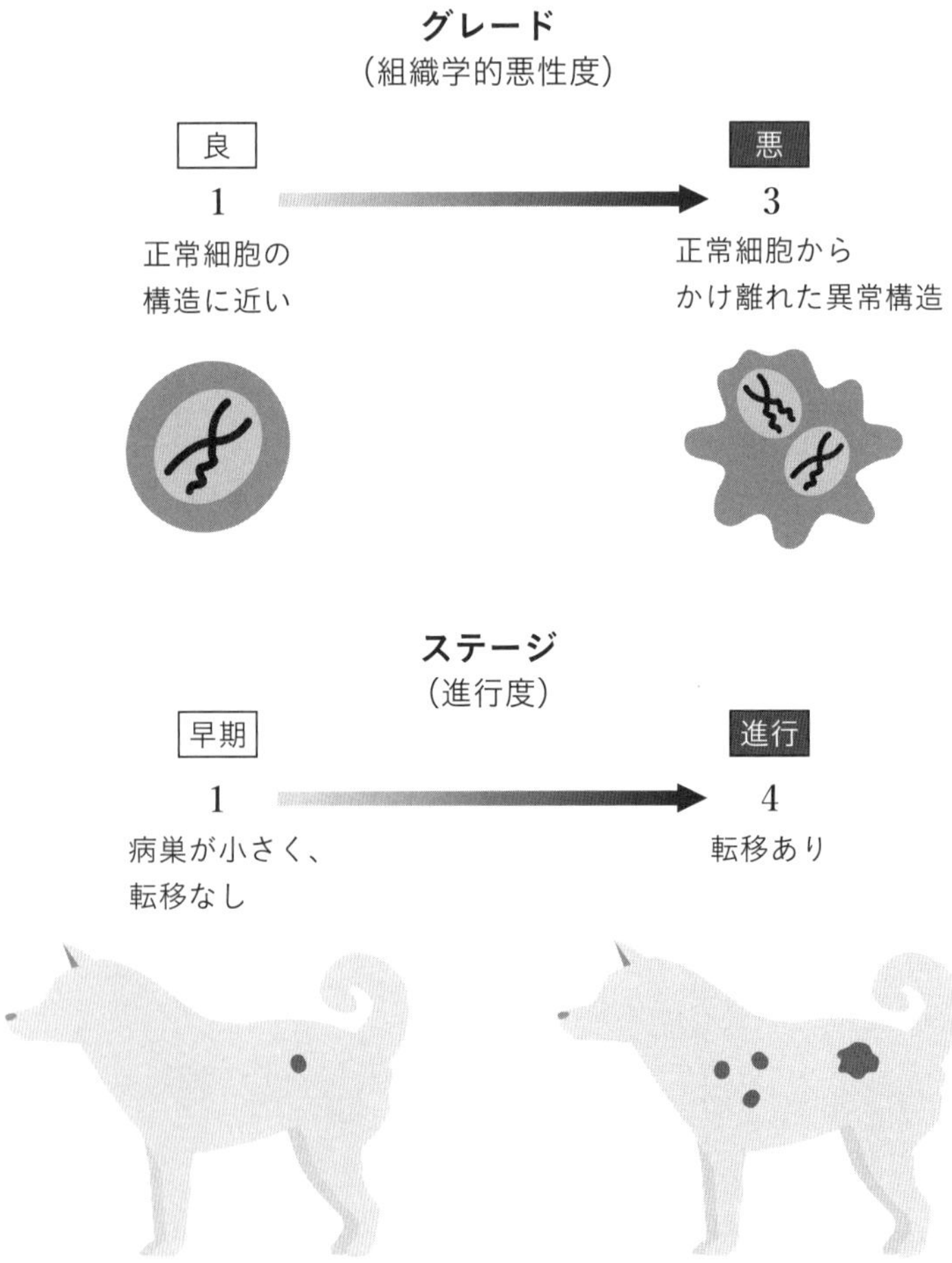

がんの評価に用いられるグレードとステージの考え方
段階の数や各段階の定義はがんの種類によって異なる

局所に浸潤しているか

浸潤とは、原発巣は被膜に覆われていたものの、進行とともに被膜を突破してがん細胞集団がカニの足のように広がったり、染み出すように正常組織に拡散したりする状態です。まだ転移はしていない場合には、局所療法で対応します。転移していないグレード2の肥満細胞腫などがこれに該当します。

手術をする場合、正常組織を大きく含めた切除手術になるため、どうしても傷が大きくなります。また、大きく切除をしても、局所再発の確率は依然として高く、術後に転移を起こすこともあります。

転移しているか

触診や各種画像検査によって、リンパ節転移や遠隔転移があるかどうかを判断します。画像検査のうち、X線検査は精度が低く、例として肺転移では転移巣が7〜8㎜大以上にならないと識別できません。それに対して、高度画像検査であるCT検査は1㎜大でも確実に識別できます。

局所に限局している状態から病状が進んでいるため、局所療法のみでは根治できず、全身療法である抗がん剤や分子標的薬による治療が選択されます。転移がある場合、根治の確率はかなり低下します。

根治できなくても、局所の進行をなるべく防止しておくと、愛犬のＱＯＬの改善や飼い主の精神的ストレス軽減になります。したがって、そのような目的のための手術もしくは放射線治療を選択することも有用な場合があります。

発生部位と転移の有無によって生存期間は異なる

発生部位が重要な臓器と直接的に接しているかどうか、手術で摘出が容易かどうか、転移があるかどうか、転移の進行が速いかどうか、などを確認します。それらの情報は、生存期間の長短に影響します。

想定される治療効果

がんの種類、グレード、ステージなどのがん自体の情報に加えて、愛犬の年齢、持病の有無、全身状態など動物の情報をあわせて考慮して、治療計画が立てられます。この時に確認すべき大事なポイントには、根治の可能性の有無、治療期間、動物のＱＯＬへの影響、飼い主のケア負担、治療費などがあります。

情報を整理して疑問点を質問する

飼い主は診断された愛犬のがんの情報を整理して、理解しておくことが大切です。その際、全ての情報を鵜呑《うの》みにするのではなく、疑問点があれば遠慮せず獣医師や愛玩動物看護師に質問して、分からないことを全て解消してください。

どんながん？
グレードは？
ステージは？
治療法は？
有効性は？
副作用は？
家での注意は？

分からないことは解決するまで積極的に質問しよう

2 犬のがんはどのような経過をとるか

さまざまな経過をとる

がんは、種類、発生部位、グレード、ステージと犬種、性別、年齢、飼育環境、不妊・去勢の有無などにより、さまざまな経過をとります。

この部位に発生するグレード○、ステージ○の××がん（種類）は、根治率が高い／低い、転移率が高い／低い、生存期間は長い／短いなど、ある程度の傾向を示すことはできますが、同じ種類のがんで、同じグレード・ステージであっても、全く同じ経過をとるとは限りません。その点が、積極的治療をするかどうかを含めて、どのような治療をするかの判断を難しくします。

治療をしなかったらどうなるか、看取りまでの経過を予想する

治療を行わなかった例の経過や生存期間に関する情報は、意外と多くはありません。病院で治療をしないと決めた飼い主は、それ以上愛犬を受診させないことが多いことや、飼い主が愛犬の最期までの経過を公表したがらないことがその原因だと思われます。受診された病院が、その後の経過を飼い主に問い合わせて、詳しく把握してそれらの情報を集積すれば良いのですが、いまだに無治療例に関する情報は不足しています。

治療をしなかった場合、一般的には、がんは確実に進行し、いずれ転移や多臓器不全により亡くなります。亡くなるまでどのような状態で推移し、どのくらい生きるかの判断は、実際には難しいものです。

大切なのは、完治はしなくても、動物のＱＯＬがある程度維持された状態で、飼い主も愛犬に愛情をもって接することができる、悲惨な感情にならないための状況づくりが理想的だと思います。治療計画を考えるにあたっても、そのことを常に心に留めておく必要があります。

個々のがんの臨床経過を予想することによって、治療の各ステージでの目標設定や、

看護の注意点が明らかとなり、的確な対応ができるようになります。

がんは繰り返し発生する

飼い主はどうしても目先の、発生したがんに注目し、その動向のみに釘付けになる傾向があります。幸運にも、そのがんの治療がうまくいって長生きすると、また別のがんが発生することもあります。加齢などにより、体全体の組織や臓器ががんになりやすい状況になっているからです。

これは、異なる臓器に異なるがんが発生する「重複がん」と呼ばれるものです。人の場合、がん克服後に長く生きる際には、留意が必要ですが、犬の場合、人よりも寿命が短く、初発のがんが治癒した後の余命も短いので、人と比べると、重複がんが大きな問題となることは少ないでしょう。

がんになった犬の終末期は人と比べて短い

がんになった犬において、終末期がどの時期にあたるかは明確に定義されていません。一般的に考えると、体調が優れない中でもどうにか日常を過ごしてきた後、うずくまって食欲がなくなり、自力で動いたり排泄したりということができなくなったら終末期といえるでしょう。

人の終末期は数カ月くらいとよくいわれます。犬の場合は終末期を迎えると、亡くなるまではかなり短いことが一般的です。私自身の体験や飼い主さんのお話などを加味すれば、2～3週間くらいであることが多いように思います。

全身は元気なのに局所の障害で苦しむのは避けたい

犬において口腔がんや鼻腔がんは比較的多く発症し、大部分は手術で原発巣を完全摘出するのが困難です。そのため、大学病院など二次病院に紹介されることが多くなります。治療をしないで放置しておくと、がんがどんどん大きくなり、顔の変形が生じることがあります。

これらのがんは転移をしにくい性質があり、顔が変形しても全身状態は比較的良好ですが、飼い主が日常的に接する上で変形した容貌について不憫に思い、精神的ストレスを感じるようになります。そのような場合には安楽死を考えますが、その決断に迷うこともしばしばあります。

根治はできない場合でも、できれば早期から緩和的かつ対症的な治療を駆使して、顔の変形を最小限にする方法について獣医師とよく相談し、できるだけ最期まで看取ることができるようにしましょう。また、どのような状況になったら安楽死を実施するのか、前もって考えておくことも大切です。

なお、安楽死については第5章で詳しく述べます。

理想は枯れていくように逝くこと

積極的治療が無効となった場合には、痛みや苦痛をできるだけ取り除く緩和ケアを中心に実施していくことになります。緩和ケア医の平方眞医師は著書『看取りの技術』の中で、人の終末期には老衰のように枯れていくように逝けるようにしたいと書いています。

がんの看取りの理想は枯れていくように逝けること

犬においても同様に、苦しまずに、枯れていくように逝けることが目標となります。

緊急事態の対応は必要だ

がんは一般的には徐々に進行しつつ、時間が経つと転移を生じ、それに伴って全身状態が低下するという、慢性的経過をとる全身性の問題が生じる疾患です。しかしながら、がんの増殖によって重要臓器や組織を物理的に圧迫し、一時的に緊急事態となることがあります。これは局所性の問題であり、局所にある直接的障害を取り除けば、さらに生き続けることができるわけです。

がんによる直接圧迫は急激に症状の悪化をきたすこともあり、そのような場合には、圧迫を取り除くために積極的治療をすべきです。このようながんによる緊急事態は放置することなく、優先的に対処することが大切です。できる限りの対応をしても対処しきれない場合には、安楽死もやむを得ない選択となります。

腹腔内血管肉腫の脾臓破裂による出血への対処

犬の血管肉腫は、大型犬に好発する難治性がんであり、皮膚、肝臓、心臓にも発生しますが、犬血管肉腫全体の約50％は脾臓から発生します。脾臓に大きな腫瘤を形成し、その中には血液を多く含んでいます。転移もしやすい厄介ながんですが、突然破裂すると大出血による突然死を起こすという特徴があります。

根治は困難ですが、突然死を避けるためにも緩和治療として脾臓摘出は実施した方が良いと思います。その後、延命を目的とする抗がん剤治療を実施することもありますが、これを実施するかどうかは獣医師とよく相談してください。

脾臓血管肉腫は破裂すると大出血を引き起こす

がんの気道閉塞による呼吸困難への対処

喉頭部や気管内腔、肺などのがんは、進行すると気道を閉塞、もしくは圧迫し、呼吸困難を起こすことがあります。小さながん病巣が密に広がっている場合は不可能ですが、1、2個程度の孤立した病巣の場合には、手術によって除去できれば呼吸は改

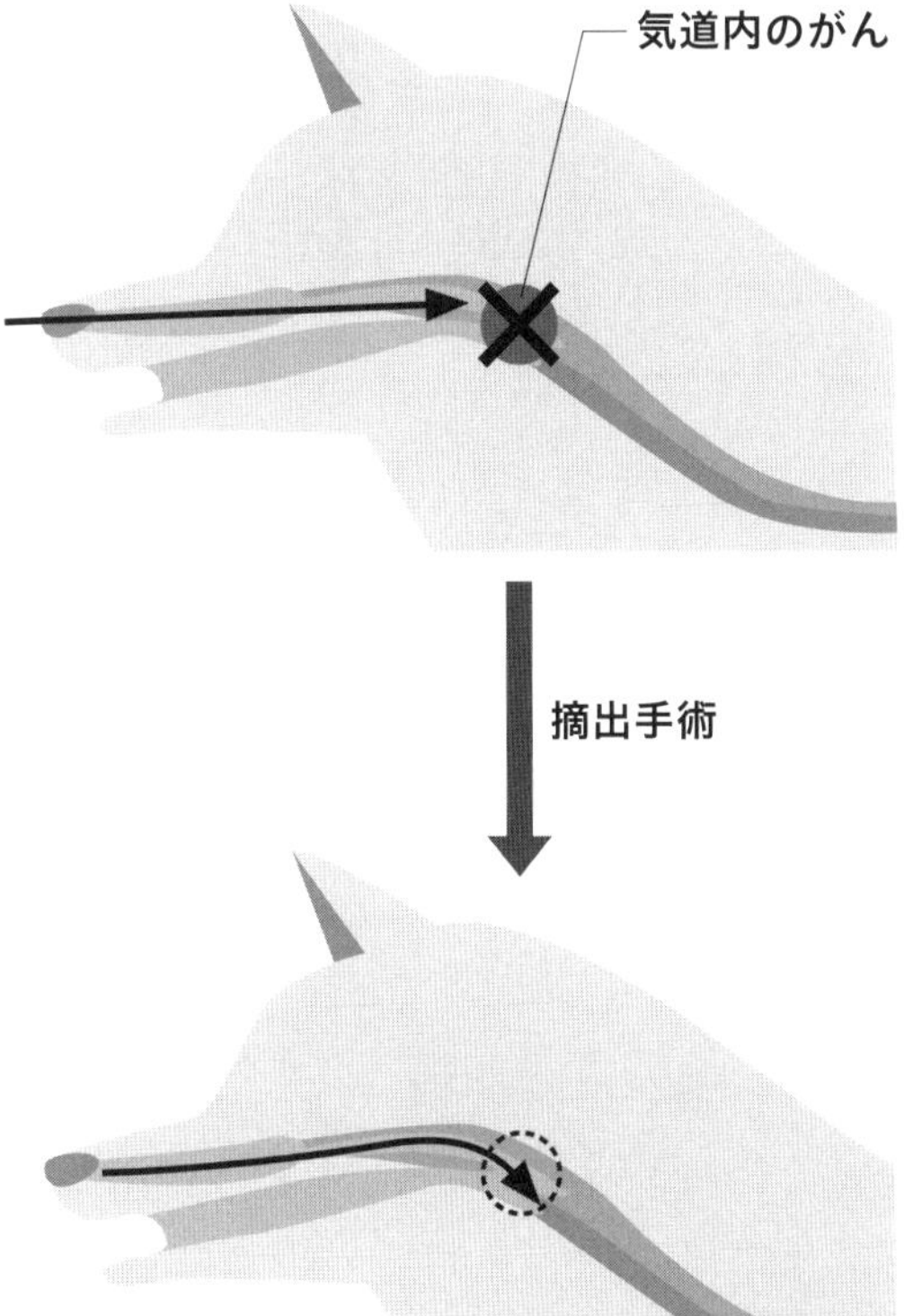

根治はできなくても、がんを除去できると
QOL が大幅に回復する場合もある

善し、その後ある程度の期間生きていくことができます。このような緩和手術は根治目的ではありませんが、とても有用で飼い主にも大変感謝される手術です。

がんの尿路閉塞による排尿障害への対処

膀胱の出口や尿道内のがんは尿道閉塞《にょうどうへいそく》という、物理的に尿が出なくなる排尿障害を起こすことがあります。尿が出なくなると、老廃物が排泄できなくなって体内に蓄積し、尿毒症という致命的な状態に陥ります。このような場合には、がん病巣全てを切除できなくても、閉塞の原因となっている部位を摘出するだけ

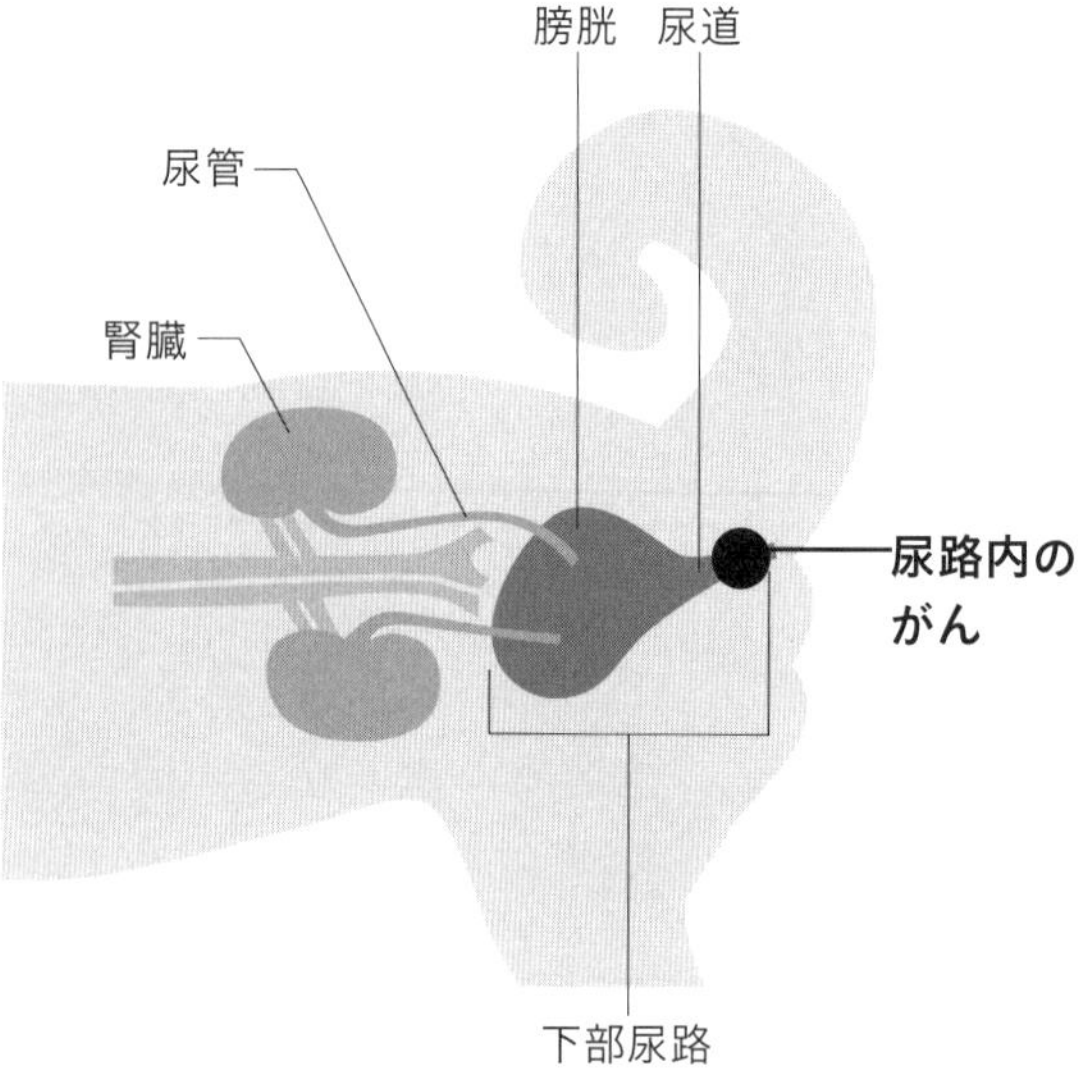

がんを一部でも除去することで、
重篤な状態から回復することができる

で、一時的に危機的状況から回復させることができます。他にも、ステントという網状の金属リングを閉塞部に挿入して尿の通り道を確保する方法も適用できます。これらを実施することにより、がんによる尿路閉塞を解消することができます。

がんの腸管通過障害による排便障害への対処

犬の肛門嚢アポクリン腺癌は、肛門の横に発生する比較的よくみられるがんです。肛門嚢はスカンクのにおい袋に相当するもので、肛門の左右に1対あります。

このがんは、早期には被膜の中に癌組織が収まっているため、被膜ごと切除すれば完全摘出が可能で、摘出部での再発はありません。しかし、原発部の再発は阻止しているにもかかわらず、発生から数カ月から半年ほど経過すると、腹腔内へのリンパ節転移により、リンパ節が増大し、徐々に大きくなってきます。さらに病状が進行すると、肺転移が認められるようになります。

腹腔内リンパ節が巨大化すると、腸管などを圧迫し、排便障害、食欲不振、嘔吐などが起こります。がんは本来全身性の疾患ですが、このような局所の異常による緊急事態が起こった時には、可能な限り対処すべきです。手術により閉塞の原因となっている転移リンパ節を取り除く、放射線を当てて転移リンパ節を小さくする、網状のステントを腸管内の閉塞部に通し拡張させる、などの処置によって一時的に腸管を開通させることができます。

肛門嚢アポクリン腺癌では、主な転移リンパ節を切除できれば、腸閉塞による死を免れるだけでなく、がんの進行を遅らせることができ、生存期間が延長するという科

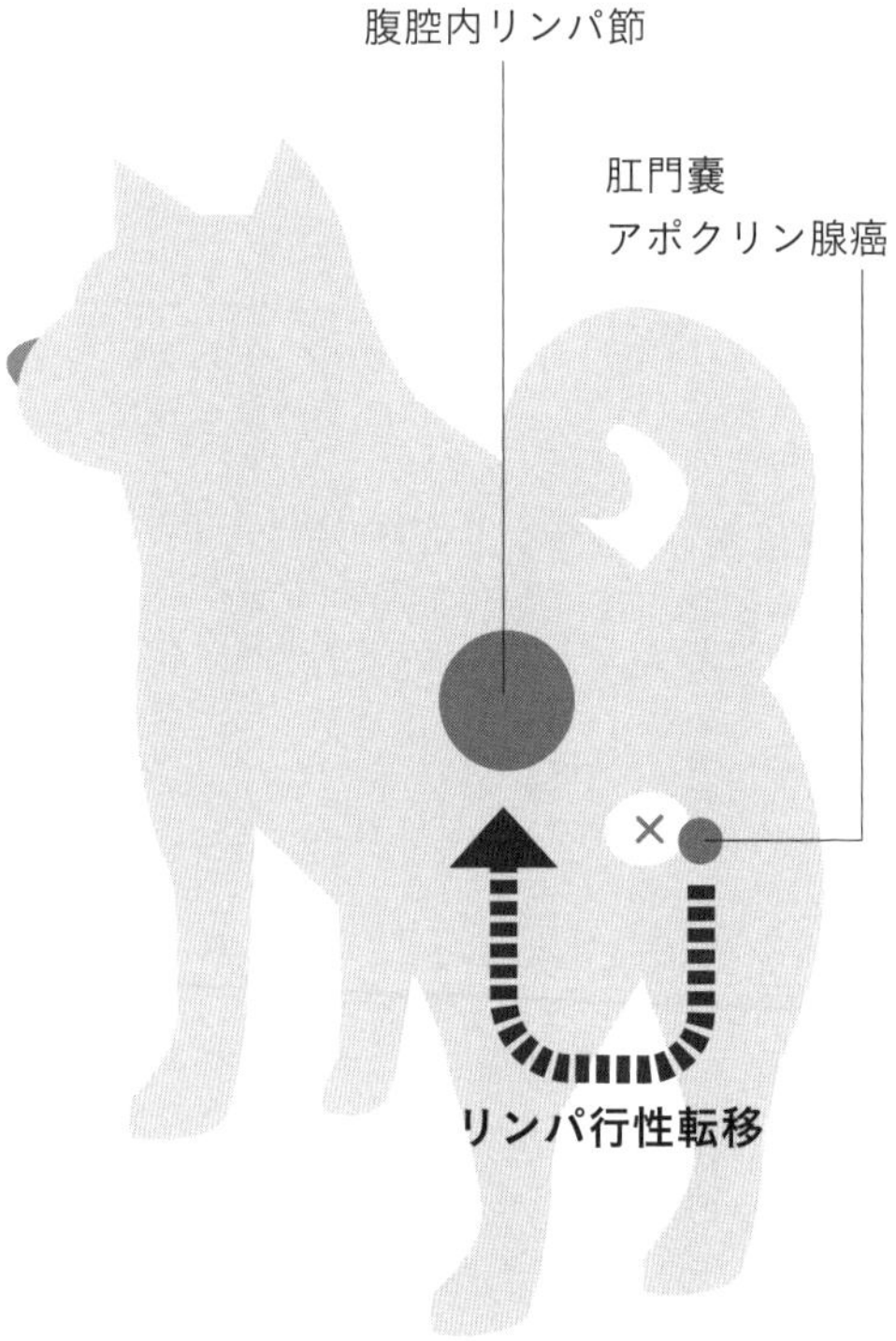

肛門嚢アポクリン腺癌では腹腔内のリンパ節に転移し、リンパ節が巨大化する

学的根拠もあります。

四肢骨肉腫の痛みへの対処

四肢に発生する骨肉腫は、早期に転移を起こすため、根治が難しいがんです。主な治療方法としては、病巣を含めた断脚術と抗がん剤治療の併用療法があります。断脚のみでは生存期間は延びず、断脚術はがんによる痛みを除く目的で行われます。骨肉腫は犬のがんの中でも痛みが強く表れるので、痛みに対する緩和治療が必要になります。

病巣が大きく、歩行に悪影響をおよぼしている場合、患肢以外の3本の足に問題がなければ断脚術を優先的に行うことを強くおすすめします。断脚以外の痛みを取る方法としては、鎮痛薬や麻薬、放射線照射[(1)]などがあります。しかしながら、それらは一

---

(1) 鎮痛目的の放射線照射は、放射線治療と比較して1回あたりの照射量を増やし、照射回数を減らすのが一般的。通常、3〜4回の照射で50〜130日間の鎮痛効果が得られる。

時的に痛みをとるだけで、がんの進行を止めることはできません。骨肉腫が進行するとその病巣部は外力に対して弱くなり、病的骨折を起こしやすくなります。痛みをとるだけでなく、病的骨折を予防する意味でも、断脚術はとても有用な手術です。

犬の体重の負重は前肢：後肢＝2：1といわれており、断脚術では後肢より前肢の断脚の方が歩行に影響をおよぼす割合が高くなります。ただし、前肢もしくは後肢の断脚にかかわらず、3本足でほとんど不自由なく生活することができます。

さらに最近では、断脚をした犬のQOLをさらに改善させるため、義肢を装着することも行われています。足を失った犬が、義肢を装着した途端に大喜びする動画がさまざまなSNSに上げられていますが、それを見ると、可能な限り四足歩行をさせてあげたいと思えてくるかもしれません。断脚後に義肢を希望する場合には、手術の前に獣医師だけでなく、できれば義肢装具士も交えて検討するのが良いでしょう。従来の一般的な断脚術の術式は、義肢の装着に不向きなので、義肢の装着を希望するのであれば、術式の変更が必要になります。ただ、骨肉腫の犬の生存期間は限られていますので、義肢という選択肢は、どちらかといえば、外傷性の疾患で断脚する犬について適用するのが良いと思います。

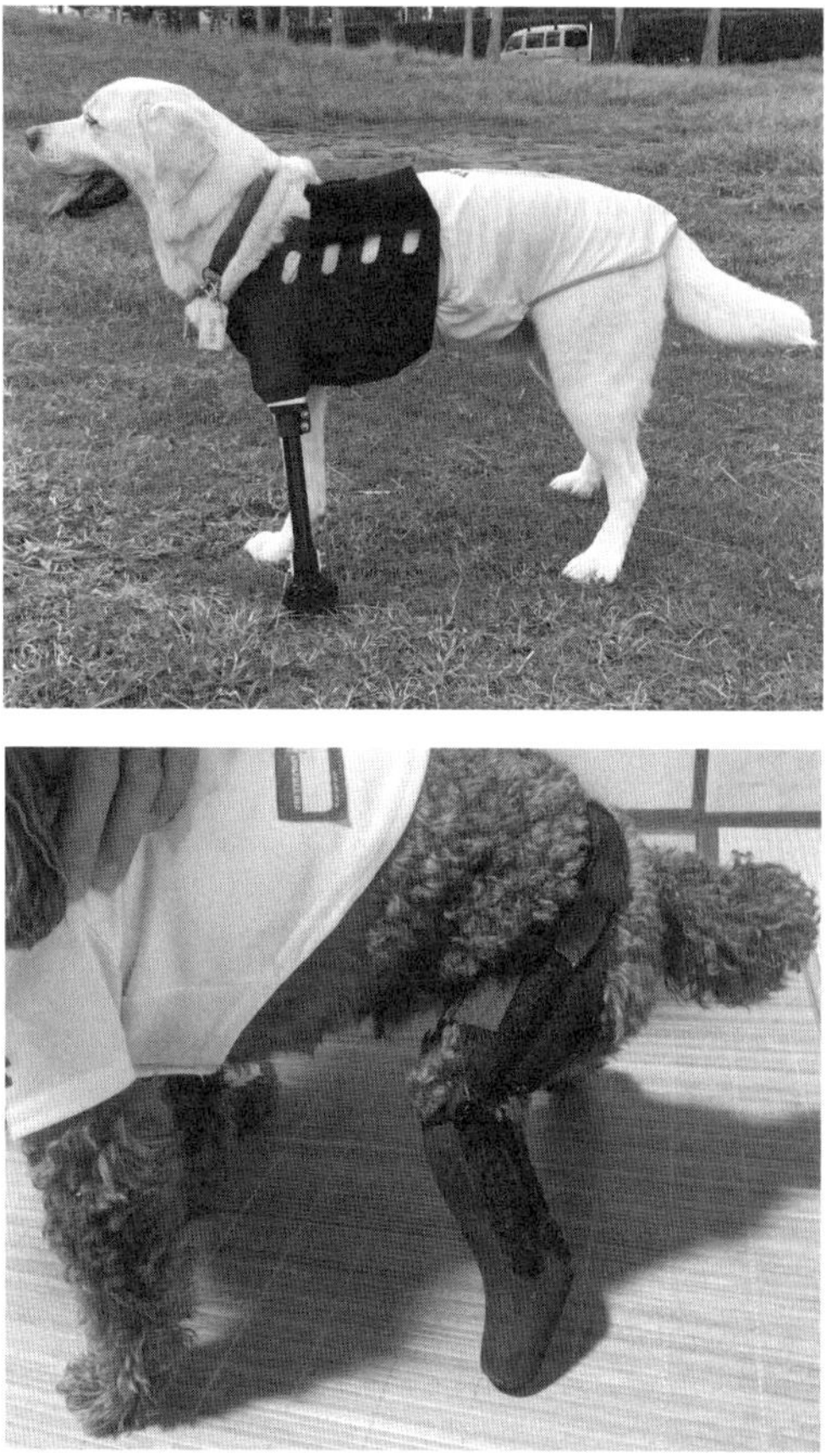

前肢（上）と後肢（下）を断脚した犬に装着された義肢
まるで自分の足のように歩いたり走り回ったりすることができる。断脚を行った症例については86頁を参照
写真提供：東洋装具医療器具製作所

外見を損なう口腔がん、鼻腔がんは原発部の制御が大事

がんを治すことができない場合には、飼い主は最期の看取りまで世話を続けなければなりません。

口腔がんや鼻腔がんは、進行すると食事が摂りにくくなり、呼吸が苦しくなるとともに顔が変形します。可愛がっていた愛犬の変わり果てた容貌を日常的に目にすることは、飼い主には耐えがたいものだと思います。

これらのがんでは、治すことはできなくても、顔の変形を最小限にする初期治療が大切で、それでも飼い主が耐えられない状況になった場合には、安楽死を考えることも選択肢になります。

肛門周囲のがんによる排便障害は緩和的摘出手術が第一選択である

肛門周囲にできる腫瘍の代表として、肛門周囲腺腫瘍があります。この腫瘍のおよそ9割は良性の肛門周囲腺腫であり、雄性ホルモンに依存して増殖します。したがって、去勢犬にこの腫瘍が発生することはなく、たとえ去勢をしていない雄犬に腫瘍が

発生しても、去勢をすることによって腫瘍の増殖を停止もしくは縮小させることができます。

肛門周囲腺腫瘍の残りのおよそ1割は悪性の肛門周囲腺癌です。進行すると摘出手術をしても完全摘出ができず、再発することがあります。再発した場合、それ以上の根治を目指す手術は実施ができなくなります。再発したがんが進行すると、がん病巣の増大に伴って表面にヒビが入り、それが肛門に隣接していると、排便をするたびに便が傷口に触れて、その結果、感染と炎症が続くことになります。同時に、排便時に力むたびにヒビが広がり、強い痛みを伴います。

日常的なケアとして、肛門付近の洗浄や消毒が必要となりますが、飼い主は1日に何回も悪臭や愛犬の悲鳴と格闘することになります。このような場合、安楽死を選択しないのであれば、緩和手術としての摘出が適応となります。肛門を含めた肛門周囲切除や直腸部分切除は、肛門括約筋の一部が摘出されるため、便が垂れ流しになることもあります。通常ではできれば避けたい手術ですが、このような場合には適応になります。

私もこのような状況での手術を何度か経験しました。術後すぐは軟便が垂れ流しとなりましたが、その後、短期間で便が固まるとともに、愛犬の排便時の痛みもなくなり、垂れ流しも改善することがありました。

何といっても飼い主の日常ケアが楽になり、愛犬は痛みから解放され、リラックスして余生を過ごすことができるようになります。このような緩和手術は、がんを治すための手術ではありませんが、QOLを高めるための治療としては大変有用です。

第三眼瞼や眼の結膜に発生する肥満細胞腫は臨床的に良性である

犬の肥満細胞腫は多種多様で、容易に完治できるものから難治性のものまで幅広い特性を持っています。一般的に皮膚に発生することが多いのですが、粘膜から発生した肥満細胞腫は臨床的に悪いものが多く、根治が難しいがんです。

実際にセカンドオピニオンの相談を受けたバーニーズ・マウンテン・ドッグの症例を紹介します。第三眼瞼の粘膜部に発生した肥満細胞腫で、腫瘍のみを摘出しましたが、切除組織の病理検査で悪性度の高い所見が得られました。したがって、取り残しの可能性を考え、再手術で眼球ごと広範囲に切除することを考慮しましたが、結局は再手術を行わず、保存療法で2年6カ月間再発がみられず、根治ともいえる状況になりました。

なぜ保存療法としたのかというと、愛犬の眼を温存したいという飼い主の強い要望と、それに応えるように担当獣医師が見つけた米国の32例およびわが国の3例の症例報告が根拠となったのです。それらの報告では、第三眼瞼や眼の結膜に発生する肥満細胞腫は組織学的な悪性度の高さにかかわらず、いずれも良性腫瘍のようなふるまいをすること、肥満細胞腫が原因となる死亡はなかったことが明確に示されており、幸いなことに眼球摘出を免れたのです。この例は、治療計画を立てる際に少しでも疑問があれば、過去の文献に目を通して参考にすることの重要性と、飼い主の治療方針にかかわる熱意の大切さを示しています。

その後、第三眼瞼や眼の結膜に発生するがんについてさらに文献調査をしたところ、腺癌や悪性黒色腫などは切除後に再発や転移をする例もあるようですが、それ以外のがんに対しては初回の手術だけで比較的良好な結果が得られていることが分かりました。

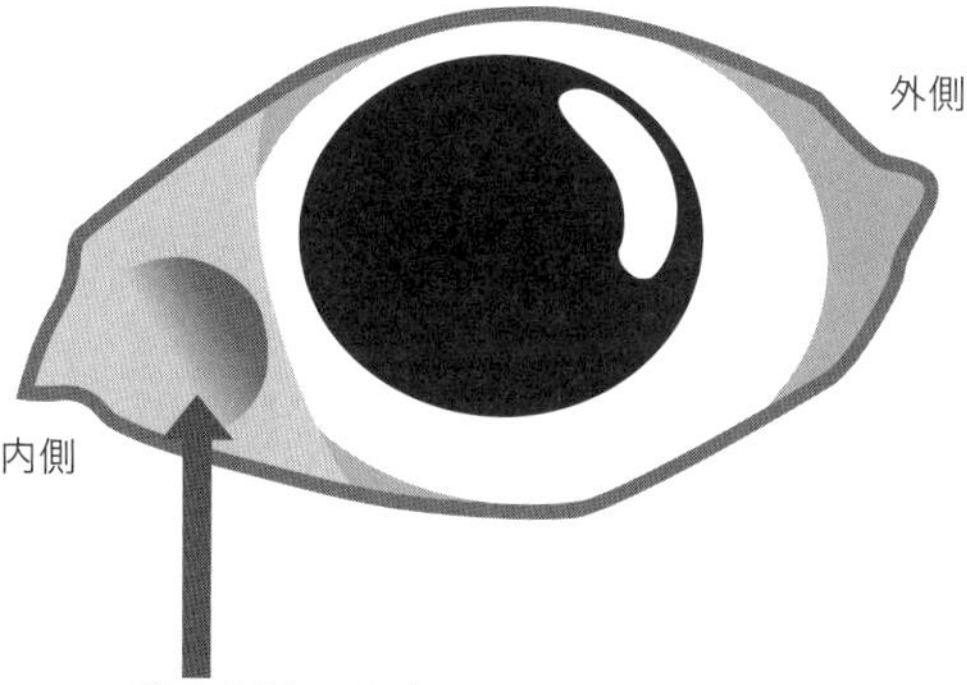

第三眼瞼に発生する犬肥満細胞腫

3 治療をする前に考えておくこと

治療と看護の重要性を知る

飼い主にとって、がんは愛犬の命にかかわる大変深刻な病気です。がんを完治できる、完治できないにかかわらず、適切に対処して良い結果を得るには、治療のみならず看護が大変重要で、動物のがん医療においては、獣医師と愛玩動物看護師の密な協力が不可欠です。

年齢を考慮し、全身状態を把握する

がんの治療計画を考える上で、愛犬の全身状態がそれらの治療に耐えられるかどうかは飼い主にとっても最大の関心事です。それに加えて、年齢も重要な要因となります。

がんを患っている高齢犬では、がん治療によってＱＯＬの低下をきたす可能性が高くなるため、体に負担のかかる治療は避けた方が良いと思います。特に、根治させることが難しいがんの場合、小型犬で13〜15歳以上、大型犬で10〜12歳以上であれば、積極的治療よりも緩和治療を優先し、できるだけ苦しまないで最期を迎えられるような看護を実践することが必要となります。

がん治療を徹底的にやるかどうか

根治や延命を目指す積極的治療をするかどうかは、飼い主の判断に任されますので、偏った考えで判断しないことが大切です。

大切な愛犬だからできるだけの治療を受け

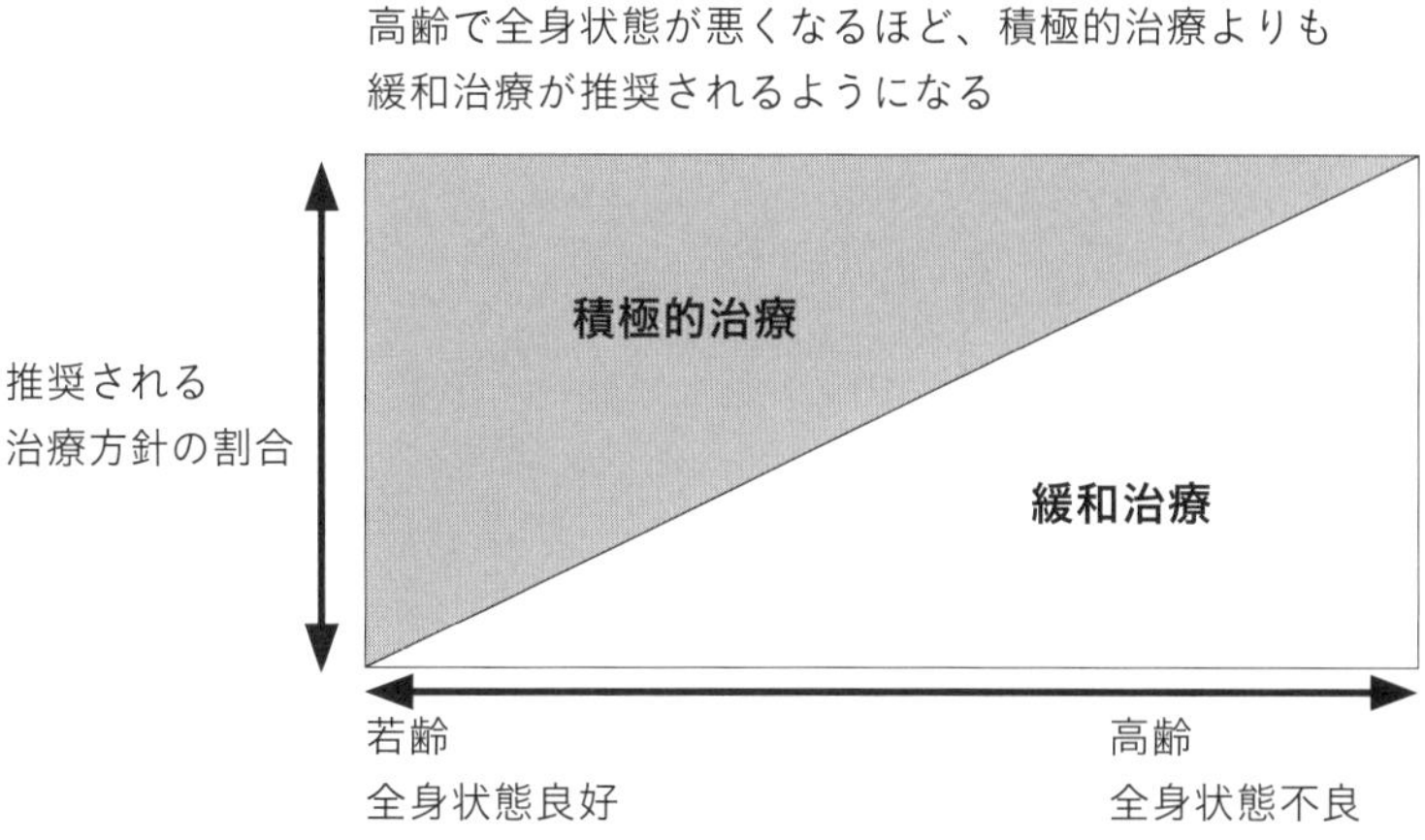

高齢で全身状態が悪くなるほど、積極的治療よりも
緩和治療が推奨されるようになる

させたい、高度医療を行ってくれる一流の病院で最先端の治療を受けさせれば悔いは残らないだろう、こんなに可愛がっている愛犬だからこそ積極的治療を諦めることはどうしてもできない、などと考える飼い主もいると思います。

判断材料としては、繰り返しますが、がんの種類、グレードとステージ、根治率、愛犬の年齢、全身状態、ＱＯＬ、飼い主のケアの負担の程度、治療費の支払能力が挙げられます。要するに、第一にがんの性状、第二に愛犬のＱＯＬ、最後に飼い主の考えを総合して判断するのが妥当である、というのが私の考えです。

高度医療専門病院と一般診療病院がある

動物医療を担う病院には、大きく分けて一次病院である一般診療病院と、二次病院である高度医療専門病院があります。一次病院はいわゆるホームドクターの病院で、日常的に通う病院です。そのほとんどは個人経営の病院となります。

一次病院で対応が難しい診断や治療をする場合には、大学附属病院や民間の専門病院である二次病院に紹介されます。二次病院の受診はほとんどが予約制で、一次病院からの紹介が必要です。特に大学病院の場合、受入体制に制約があるため、飛び込みで受診することは通常できません。

大学病院のうち、予約から初診までの待ち期間をホームページに載せているところは、岐阜大学[(2)]以外にはないようです。また、大学病院のホームページで、がんの飼い主に役立つ情報としては、北海道大学[(3)]が治療を含めたがん全般の分かりやすい情報を公開しています。費用の概算も記されており、飼い主の立場を意識した良識的な内容となっています。岐阜大学[(4)]は年度ごとの診療実績と放射線治療実績が詳しく公表されており、受診された犬・猫のがんの種類と割合や、放射線治療を行ったがんの内容が分かりやすくまとめられています。２０２２年度の放射線治療実績によると、部位で

(2)

岐阜大学動物病院のホームページ

腫瘍科の初診空き状況カレンダーを確認できる。

(3)

北海道大学動物医療センター総合腫瘍科のホームページ

診察の流れや各種のがんに関する情報を確認することができる。

(4)

岐阜大学動物病院 腫瘍科のホームページ

各年度の診療実績をまとめて公開している。

は口腔と鼻腔と脳脊髄で全体の62％を占めていることが分かります。

このような情報は、その大学の実績でもあるため、がんに対する診療レベルを推測するヒントとなり、飼い主にとって受診する大学病院を選択する上で大変参考になると思います。

大学病院といっても、それぞれ得意な分野は異なります。病院の獣医師や愛玩動物看護師などのスタッフの数も十分とはいえません。したがって、大学病院を選択する場合には、まずがんを得意とする病院かどうかを、ホームページで確認することをおすすめします。一般的には、受診している一次病院が連携している二次病院を紹介することになりますが、そ

二次病院選びでは、
自身が大切にする要因を整理しながら調べよう

の地域に二次病院が複数ある場合には、ホームページなどを参考にして、飼い主自身が調べて判断することも可能です。

大学病院は予約から受診まで1~2カ月かかることがあり、できるだけ早く受診する必要のある場合には、料金はやや高くなる傾向にありますが、民間の専門病院を受診することもできます。例えば、日本小動物医療センター内の[5]日本小動物がんセンターのホームページを見ると、「がん治療が開始されるまでの流れ」「小動物のがん治療Q&A」など、ほとんどの大学病院のホームページには記載されていない、飼い主にとって重要な情報が分かりやすく掲載されています。

(5)

日本小動物医療センターのホームページ
「がん治療が開始されるまでの流れ」や「小動物のがん治療Q&A」のような飼い主向け情報が記載されている。

病院選び　理想は近くて通院しやすいこと、設備とチームワーク

病院選びのポイントは、一次病院はもちろん、二次病院であっても自宅から近く、治療と看護をバランス良く実施できる動物医療チームがいる病院を選ぶことです。獣医師と愛玩動物看護師と受付係の連携が良く、スムーズな意思の疎通ができている病院がおすすめです。

ただし、高度な診断や治療を実施する必要がある場合には、病院の施設や設備、専門医を優先する病院選びとなり、遠方の二次病院を受診することもあります。その場合には、二次病院での診断や治療が済んだら、速やかにホームドクターに戻されますが、二次病院からの円滑な引き継ぎが実施されているかどうかを確認する必要があります。

また、大学病院であっても、診療体制は一律ではありません。がんの診療をする場合、腫瘍診療科という1つの診療科で、手術、放射線治療、薬物療法の全てを担当する病院と、手術は外科、放射線治療は放射線科、薬物療法は内科というように、複数の診療科で協力してがんの治療を実施する病院があります。

複数の診療科を渡り歩くより、1つの診療科で全ての治療ができる方がスムーズで、

臨機応変な治療をタイミング良く実施できる利点がある一方、高度化されたがん治療では、分業した方が高度な治療ができるという考え方もあります。

それでも専門病院での根治率は低い

大学病院は教育病院であるとともに、高度医療を実施する使命があり、新しい治療薬や治療法の開発のための臨床研究の場でもあります。したがって、現在可能な最善の治療や、確実で良質な治療の実践を目指しています。

愛犬のためにできる限りの治療を受けさせたいと願う飼い主は、大学病院の受診を希望されることが多いのですが、それが必ずしも根治を意味するわけではありません。確かに大学病院で高度ながん治療を受けることにより、多くは延命することができますが、難治性のがんの場合、高度医療をもってしても根治はまれであるというのが現実です。特に大学病院は、一次病院で治療困難ながんの動物が紹介されるという性質もあって、実績としての根治率は低くなります。

そのため、大学病院のスタッフは、困難な状況になって紹介されてきているからこそ、がんを克服するための思い切ったチャレンジが必要と考える立場にあります。動

	一次病院（主に個人病院）	二次病院（大学病院など）
存在意義	かかりつけ医 一般的な医療	基幹病院 高度医療、研究・教育
行う治療	基本的・全般的な医療	高度・専門医療、試験的な医療

一次病院と二次病院の違い

異なる役割を持っているので、単純な優劣はつけられない物のＱＯＬよりも治療効果を優先する場面もあるかもしれません。それは、治療によって動物のＱＯＬが一度低下しても、治療がうまくいけば、ＱＯＬも改善され、最終的に良い結果をもたらすと考えるからです。

これは、大学病院のスタッフが独善的という意味ではなく、最善・最高の治療を提供したいという考えがあってのことですが、言うまでもなく、大学病院であっても治療方針の決断はあくまで飼い主がすることに変わりはありません。

治療に納得できない場合は病院を変えるか　セカンドオピニオンを利用する

どこの病院にかかるか、どの獣医師に診てもらうかは、愛犬の今後の病状を大きく左右しますので、飼い主にとっては大いに悩むところです。診断の説明と治療の方針をよく聞いて、引き続きこの病院と獣医師に診療をお願いするのかどうかを検討してください。

どうしても治療方針に納得ができない、十分にコミュニケーションがとれないなど、飼い主として受け入れがたい場合には、我慢せずに病院を変えるか、セカンドオピニ(6)

オンを受けてください。セカンドオピニオンを実施することによって、かかりつけ獣医師もより真剣に考えて、今まで以上に親身に対応してもらえることもあり、そのような獣医師は信頼できると思います。

それでも愛犬を任せる決断ができない場合には、躊躇せずに病院を変えてください。今や飼い主が病院を選べる時代です。さまざまな情報を集めて、自身の希望に合致した病院探しをしてください。

犬にとって緩和治療は非常に大切である

動物におけるがん治療は日々進歩していますが、治療効果に注目するあまり、治療に伴うＱＯＬの低下に十分な配慮がなされていない場合が少なからずみられます。これは主に動物の病気を診る獣医師主体の診療体制のためと考えられます。

できる限りの治療を実施して、効果が得られなければ、あとは諦めてください、という姿勢では、飼い主も犬も困ってしまいます。その後の看護をどうするかについて、具体的かつ的確に指示してくれる病院こそ頼りになるものです。

動物のがん医療において、現状ではがん看護についてのノウハウは十分ではなく、がん看護が専門である愛玩動物看護師も少なく、多くの教育と経験を積んでいる状況とはいえません。だからこそ、がん看護について熱意を持って適切にアドバイスをしてくれる病院は、飼い主にとって大変ありがたい存在です。

2023年に最初の国家資格をもった愛玩動物看護師が誕生し、動物のQOLを大切にした看護の実践への意識が高まっています。そういう意味でも、チーム動物医療、すなわち獣医師と愛玩動物看護師のチームワークが良好かどうかをみて、病院を選ぶことが必要です。

獣医師選び

担当する獣医師が、犬のがん臨床についてよく勉強しているか、得意としているかの判断は、飼い主には難しいものです。がん治療の経験について直接獣医師に聞くのも1つの方法ですが、客観的で信頼性の高い情報とはなりにくいものです。

---

(6) 治療について、より良い決断をするために今かかっている主治医以外の第3者の専門家に意見を求めること。

そこで、1つの目安として参考になる動物の主ながん認定医と専門医の制度について紹介します。
動物がん認定医としては、日本獣医がん学会が認定している獣医腫瘍科認定医Ⅰ種とⅡ種があります。Ⅰ種の方がより高度な資格です。この認定医リストは日本獣医がん学会のホームページに公表されており、2023年11月現在でⅠ種に51名、Ⅱ種に424名が登録されています。勤務先（病院）名や住所なども公開されているので、近くに認定医がいるかどうかを確認することができます。[7]
もう1つは犬・猫の外科専門医で、外科全般を対象としますが、がんの手術も担当します。日本獣医麻酔外科学会の中にある日本小動物外科専門医協会が定める日本小動物外科専門医という資格です。この専門医制度は開始されてから間もないので、手術執刀数、経験年数、研究実績など書類により選考された設立専門医も存在しています。2023年11月現在、専門医17名、設立専門医39名が登録されています。私は元設立専門医でしたが、現在は診療の現場から離れていますので、リストには掲載されていません。[8]
この専門医の取得は超難関で、豊富な手術研修を経験後、試験を突破して合格した者だけが専門医となります。手術の成否は、執刀する外科担当獣医師に大きく左右されるものです。獣医師選びの際にはぜひ、専門医制度を参考にしてみてください。

がんの診断においては、病理診断もきわめて重要です。がんであるかどうかを確定する根拠になるものですので、臨床獣医師は、それぞれが信頼している病理担当の獣医師に生検で得られた材料を送付して判断を仰ぎます。診断を下す獣医師は日本獣医病理学専門家協会の会員資格を持っており、その信頼性が担保されています。

それ以外の資格として、動物医療において日本より進んでいる米国の専門医制度があります。日本の獣医師が米国で専門医のライセンスを取得するのは大変難しいのですが、それに挑戦したのちに、日本で活躍されている専門医も徐々にですが増えてき

(7)

日本獣医がん学会の認定医取得者リスト

認定医のリストのほか、認定医についての説明も記載されている。

(8)

日本小動物外科専門医協会の専門医取得者リスト

専門医のリストのほか、研修プログラムや研修中の獣医師のリストも記載されている。

ています。

がん診療に関連する種類の専門医としては、米国獣医内科（腫瘍）専門医、米国獣医外科専門医、米国獣医放射線治療専門医、米国獣医病理学専門医などがあります。ホームページなどでは獣医師の資格とともに専門医資格も併記されるのが一般的ですので、獣医師を選ぶ際に参考にしてください。

ここで注意していただきたいのは、上記の認定医や専門医は、がんの知識や技術を保証する制度です。あなたの愛犬の診療を担当してもらう獣医師として、適任かどうかについて保証するものではありません。資格はあくまでも参考に留め、信頼できる獣医師であるかどうかは自身で判断をしてください。

頼れる獣医師の条件

・なんでも聞ける
・伝え方が上手
・経験が豊富
・専門医や認定医の資格を持っている

愛玩動物看護師選び

がん診療においてチーム動物医療は不可欠ですが、その中でも動物のQOLの維持を使命とする愛玩動物看護師の資格について紹介します。

わが国では2019年6月に愛玩動物看護師が国家資格として認められ、第1回の国家試験が2023年2月に実施されました。これは犬や猫など伴侶動物医療において、チーム動物医療を通してより高度で丁寧な診療が社会的に求められていることを根拠としたものです。

従来は、一般財団法人動物看護師統一認定機構が認定する民間資格の認定動物看護師制度がありましたが、今後は国家資格の愛玩動物

愛玩動物看護師と獣医師の役割分担

物看護師へ順次移行していくことになります。

先にも記載しましたが、治療と看護は車の両輪であり、獣医師はがんという病気をｃｕｒｅ（治癒）すること、愛玩動物看護師はがんの動物をｃａｒｅ（世話）することを本務としています。サッカーで例えれば、オフェンスとディフェンスといったところでしょうか。

愛玩動物看護師の重要な役割の1つとして、獣医師と飼い主の間に立って、橋渡しをスムーズにするということがあります。獣医師とのチームワークが良好なこと、飼い主とのコミュニケーションが良好で、動物看護の具体的な方策をアドバイスできること、これらが愛玩動物看護師選びの条件になるでしょう。

自宅での看護体制を整える

まず愛犬の診断名、すなわちがんの種類とグレードおよびステージ、年齢、全身状態を踏まえて獣医師とよく相談し、具体的な治療および看護方針を立てます。

次に治療や看護を行っていく上で飼い主が知っておくべきこと、すなわち、治療期間、入院日数、通院回数、自宅での看護の内容などを把握します。その上で、家族の看護分担を決めます。家族だけでは対応できない場合には、訪問看護などをお願いしたり、デイケア・デイサービスの利用などを考えます。

治療費の負担

がん治療は高度なものが多く、費用も高額になりがちです。治療の内容によっては、飼い主の1カ月の給与が全て費やされることもあります。難しい大掛かりな手術、大型犬の薬物治療、根治を目指す放射線治療、長期間定期的に継続される薬物治療などは、特に高額となります。

飼い主は身体的、精神的負担に加えて、経済的負担も考慮する必要があります。できれば治療の全経過に伴う総費用を算定し、支払いの目処を立てておくことが必要となります。

第4章

がんになった愛犬と暮らしていくための心構えとやるべきこと

1 犬の生活の質（ＱＯＬ）を考える

犬のＱＯＬを低下させる要因

がんになる犬は高齢であることが多いため、がん以外の要因ですでに全身的に何らかの不調をきたしていることも多くあります。そのような不調に加えて、さらにがんの悪影響が加わることになります。

がんによってＱＯＬが下がる原因としては、がんそのものによる直接的な要因と、がん治療による副作用や有害事象があります。

直接的な要因としては、がんの進行に伴う身体へのストレス、例えば口腔内のがんによる食事の摂取困難、気道内のがんによる呼吸困難、大腸がんによる排便困難、尿道内のがんによる排尿困難、骨肉腫による疼痛などがあります。

がん治療による副作用としては、手術の合併症や、放射線治療後の有害事象によって日常生活に支障をきたしたり、抗がん剤によって吐いたり食欲が低下したりすることがあります。特にリンパ腫の治療には抗がん剤を使用しますが、治療は長期におよぶこともあるため、薬の副作用による反応が出ていないかや、その程度を注意深く観察することが必要です。

がんの進行によるＱＯＬの低下とケア

がんの進行に伴い、急激に全身状態が悪化する場合には、その原因を除去することで、症状は改善して、日常生活に戻れるようになります。

その原因ががんの増大による急変であれば、なるべく積極的に原因のがん病巣を切除します。がん病巣の完全切除が不可能な場合には、無理して拡大切除[1]せずに、当面の障害となっている部分のみを切除します。根治目的ではなく、症状を緩和するための手術になります。

術後に補助的療法[2]を実施するかどうかなど、再増大するまでの期間にどのような対

(1) 原発巣のみを摘出するだけでは完治できない場合に、周囲の正常組織を含めて大きく切除したり、近くのリンパ節をあわせて摘出すること。

応をすべきか獣医師とよく相談してください。

手術後の合併症とケア

完全摘出を目指す手術をする場合には、がん病巣だけでなく、がん病巣周囲の正常組織を含めて大きく切除することになります。その結果、手術による傷は予想外に大きくなり、場合によっては術後に合併症が起こったり、後遺症が生じることもあります。

飼い主としては、どのような種類の手術であっても、手術の目的は何なのか、どれくらいの範囲を切除するか、その結果どのような合併症が起こりうるかなど、前もって獣医師に確認する必要があります。

想定される合併症については、それぞれに適

手術前に確認しておきたいことリスト

1. 手術の目的（根治、一時的改善、緩和など）
2. 手術の内容（切除範囲、難易度、危険性など）
3. 手術の合併症（種類、出現率、深刻度など）
4. 退院までの期間
5. 退院後の自宅でのケアについて
6. 手術費用

した対応が実施されることになります。病院で実施すべき処置は術後から退院までに行われますので、飼い主は退院後のケアを担うことになります。

放射線治療による有害事象とケア

放射線治療では照射装置の目覚ましい性能向上により、がん病巣に集中して照射できるようになってきており、周囲の正常組織への悪影響はかなり少なくなっています。また、放射線照射の頻度、回数、照射線量などにより放射線障害の発現状況は異なります。

放射線障害には急性障害と晩発性障害があり、急性障害は、照射中から照射後3カ月くらいまでに、晩発性障害は数カ月〜数年後に発生します。

急性障害としては、皮膚炎、粘膜炎、骨髄抑制、結膜炎、角膜炎などが出現します。大抵は1〜数カ月以内に回復します。皮膚炎が悪化した場合には、軟膏の塗布が必要

(2) 早期のおとなしいがんは手術単独で完治できるが、進行がんや悪性度の高いがんでは手術に加えて抗がん剤の投与や放射線照射などを併用して治療する。

になることもあります。口腔がんの照射では口内炎が、鼻腔内がんに対して照射領域に眼が入る場合には結膜炎や角膜炎が、胸壁のがんでは肺炎が発症することもあります。

晩発性障害としては、皮膚の色素沈着や萎縮、粘膜や肺の線維化、骨の壊死、白内障などが出現します。問題なのは、急性障害と異なり、ほとんどが治らないことです。したがって、晩発性障害を起こさないような照射計画を立てることが大切になります。飼い主は照射前に晩発性障害の出現率や有害事象について、獣医師に確認すると良いでしょう。

なお、簡易的なオルソボルテージ装置[3]などを用いる際には、骨壊死による骨折を起こすこともあるので、日常的なケアの注意点について確認しておきましょう。

動物の放射線治療は、照射中に動かないようにす

放射線治療の前に確認しておきたいことリスト

1. 放射線治療の目的（根治、一時的改善、緩和など）
2. 放射線治療の内容（照射方法、照射回数、照射期間など）
3. 放射線治療の有害事象（種類、出現率、深刻度など）
4. 自宅でのケアについて
5. 放射線治療の費用

るため全身麻酔もしくは鎮静処置をします。照射後は麻酔が覚醒してから飼い主に戻されますが、自宅では、元気、食欲、声かけに対する反応性など、麻酔の好ましくない影響が表れていないかを観察しましょう。

薬物療法後のケア

抗がん剤を病院で投与された場合や、内服薬として処方された場合、薬剤や愛犬の糞尿は手袋を装着して扱い、直接触らないようにしてください。あまり神経質になる必要はありませんが、薬剤による飼い主や家族の方々への悪影響を防ぐための注意は必要です。また、同居動物がいる場合には、抗がん剤治療中の動物の糞尿に触れさせないようにしてください。

---

(3) 一次病院などで設置されている小型で簡易的な放射線治療装置。リニアックと比較して導入コストが低いため、治療費も安価で、体表や口腔内のがんに適用される。透過性が弱く、骨で吸収されやすいという性質がある。

抗がん剤の副作用とケア

さまざまな抗がん剤に共通する副作用として、白血球減少による発熱、嘔吐や下痢、脱毛などがあります。その他、シスプラチンでは腎毒性、シクロフォスファミドでは血尿、ドキソルビシンでは心毒性など、それぞれの抗がん剤に特有の副作用もあります。

副作用に対する対応は、軽度の場合を除き病院で行うことになります。また、抗がん剤を処方する獣医師は、副作用が出現しないギリギリの量を投与しますが、副作用を危惧する場合には、それを防止する薬剤も同時に処方してくれます。なぜなら、明らかな副作用がみられると、当然ながら飼い主が不安となり、それ以上の薬剤投与を拒否することがあるからです。ただし、副作用を気にするあまり、薬剤投与量を減らすと、そのぶん有効性が低下することになるので、治療効果と副作用のバランスを考える必要があります。

抗がん剤の多くは、前肢もしくは後肢の静脈内に投与します。その際、細心の注意を払って薬剤を血管外に漏らさないように投与しますが、組織刺激性のある薬剤が漏れると、皮膚や皮下組織を障害して、後遺症を残すことがあります。万が一、投与中に漏れた場合には、病院スタッフの方で気づきますので、その場で処置をします。しかし、わずかな量の漏れの場合、スタッフが気づかないこともあります。飼い主は、自宅で投与部位の腫れや痛みなどがないことを確認してください。

飼い主は薬剤投与後、明らかに副作用と思われる症状がみられたら、病院に連絡して、指示を仰いでください。

通常、前肢の血管から点滴投与する。組織刺激性のある抗がん剤が血管から漏れると、発赤、腫れ、痛みの症状が現れる

分子標的薬の副作用とケア

動物医療においてはグリベック、パラディア（いずれも市販名）などごく限られた分子標的薬が使用されています。

分子標的薬はがん細胞に特異的に作用するため、抗がん剤に比べて副作用は少ないと思われていました。しかし、ある程度の有効性がみられる反面、投与を継続する過程で効果が認められなくなることや、分子標的薬独特の副作用もみられるため、使用に際してはこれらの点に注意する必要があります。

パラディアに比べて、グリベックの副作用は軽度だといわれています。パラディアの主な副作用は、食欲不振、下痢、嘔吐、消化管出血、低アルブミン血症による削痩（やせすぎ）やむくみ、腹水、胸水などがあります。これらの症状がみられたら、病院に連絡をしてください。副作用に対する対応として、休薬や減薬となることがあります。

2 看護の実践

どのような看護が必要になるかを知る

がんになった愛犬をずっと入院させておくことは飼い主にとっても犬にとっても好ましくありませんので、がんと共生しつつ、日常のケアは自宅ですることになります。

過去に私が所属していた研究グループが実施した飼い主へのアンケート調査で、「愛犬のがんの治療中、動物と生活する上でどのようなことに困りましたか」という質問をしたところ、多い順に、食欲低下、排便障害、飲水低下、投薬、元気消失、がん性疼痛、排尿障害、動きたがらない、清潔管理、体位変換という回答が得られました。食欲、飲水、元気、排便、排尿、運動、清潔管理など、意外にも日常の生活に関する悩みが多いのです。愛犬と共に、当たり前の生活をするということの大切さをしみじみと感じさせられました。また、がんの治療や看護に関することとしては、投薬、がん性疼痛、体位変換があげられていました。

食欲低下

食欲低下に対しては、ドライフードよりもウェットフード（缶詰など）、硬いものより柔らかいもの、冷たいものより温かくしたものが食べやすいと思います。食欲にムラがあり、食事に関心を示さない場合には、無理に食べさせることは避けてください。また、食事を出しっぱなしにせず、何回かタイミングをみて繰り返し給与することで、食べてくれるようになることもあります。

食事は元気な時よりも少量頻回にして、食事に興味を示すけれども食べない時は、飼い主の手渡しで食べてくれることもあります。また、食欲を刺激する好物があれば、食事に混ぜたり、最初に与えて食欲を誘導したあとにいつものフードを与えることもできます。それでも食べない場合には、食欲を出すための薬がありますので、獣医師に相談してみてください。

飲水量低下

飲水量低下に対しては、常に新鮮な水を飲めるようにしておきましょう。自力で飲まない場合には、鼻先や口の周りに水をつけて舐めさせ、飲水へ誘導することもできます。無理やり飲ませないことが重要で、嫌がらないようなら哺乳瓶や注射筒を使って飲ませることもできます。

脱水していないか気になる時には皮膚をつまんで戻りをみて、脱水の状況を知ることができます。飲水量の低下が気になるなら、食欲がある場合には食事に水分を加えるなど工夫をしてください。

皮膚つまみ試験の方法

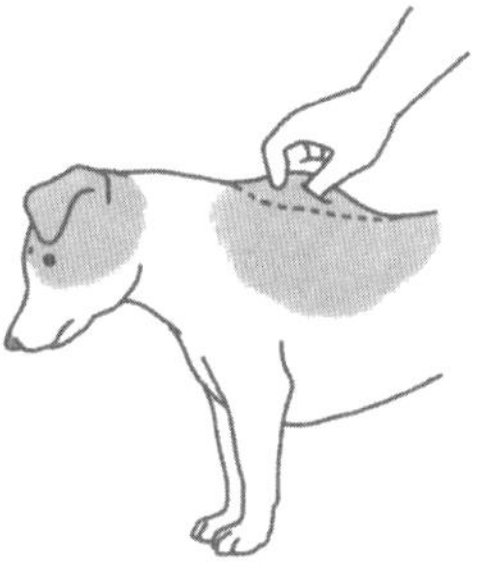

手順1
首の後ろの部分のたるみのある皮膚を痛くない程度の力でつまみ、そっと持ち上げる

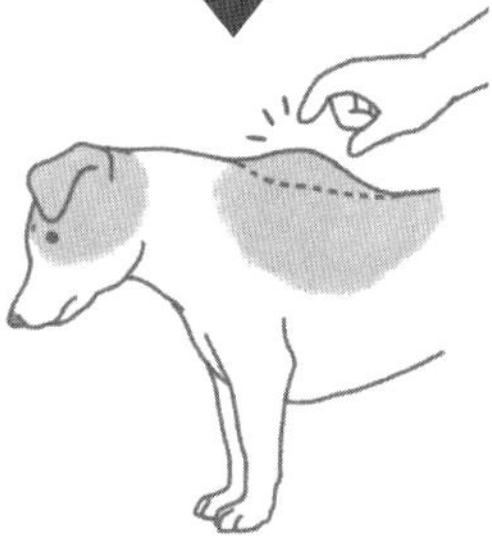

手順2
手を離し、持ち上がった皮膚がもとに戻るのにかかる時間を計る

手順3
皮膚がもとに戻るのに2秒以上かかった場合には、脱水の可能性を疑う

元気が消失し、動きたがらない

元気消失や動きたがらない様子がみられる場合には、がんの進行と関係しているかもしれません。緩和処置によって一時的ではあっても改善することもありますので、病院で診てもらうようにしましょう。

飼い主にできる最大のケアは、居心地の良い環境づくりです。滑りにくい床や、よろけて倒れても怪我をしないような室内環境、クッションなどによる安楽な寝床など、工夫をしてください。飼い主が抱いて優しくスキンシップをすることも有用なケアです。終末期前で寝たきりの時は、無理をしない程度に飼い主が補助をして、立たせることもしてあげましょう。これは次に説明する排便・排尿ケアと関係してきます。

排便・排尿障害

排便・排尿障害は、がんの増大に伴って、腸管や尿道などを物理的に圧迫したり閉塞することによって生じることもあります。そのような場合には、全身状態が許せば緩和治療をして症状を改善することも選択肢の1つとなります。

また、がんが進行して全身状態が低下し、寝ていることが多くなり、寝たままで便や尿を垂れ流しにすることもあります。これが毎日となると、飼い主の負担は大きくなります。終末期の前までは、寝ていることが多くなっても自力で立つことは可能なことがほとんどです。しかるべき時に飼い主が補助をして立たせ、室内で排便・排尿をさせましょう。屋外でないとしたがらない場合には、外に連れ出すようにしましょう。体力が衰えても、寝たきりでない限り、愛犬にとって外で排便・排尿することは気分転換にもなります。

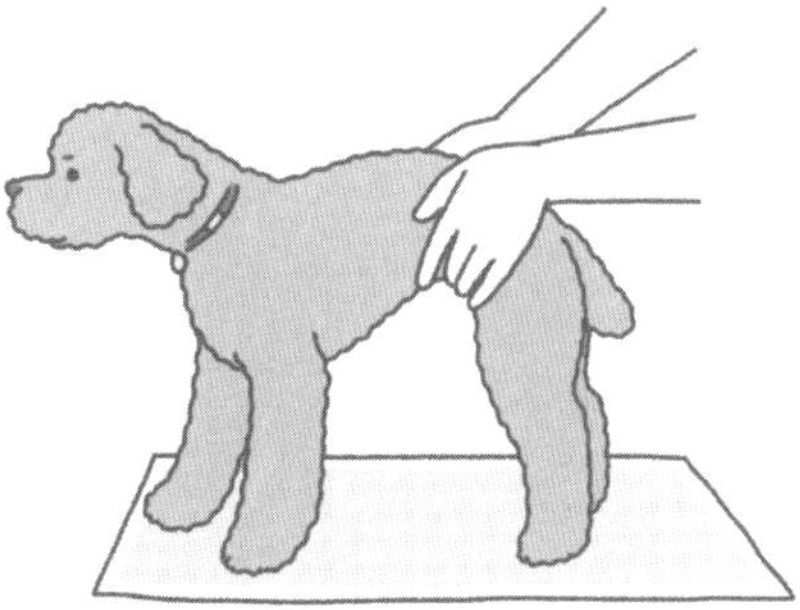

排泄の介助では、飼い主は後ろに立ち、腰のあたりで触っても嫌がらない部分を支え、自然な姿勢で立って排泄ができるように手助けをしよう

清潔管理

清潔管理は動きたがらないことと無関係ではありません。毎日ケアをする中で、不潔で悪臭のする愛犬を目の当たりにすることは、飼い主にとってもストレスですし、なにより愛犬がかわいそうです。不潔と悪臭の主な原因として、便と尿の垂れ流しがあります。先に述べた対応をすることで解決していきましょう。また、寝床なども不潔になりがちですので、こまめに交換して常に心地良い環境を保つようにしておきましょう。被毛は頻繁にブラッシングをして、清潔にしておきましょう。シャンプーや、日常の清潔管理が困難な場合には、トリマーに自宅に来てもらったり、愛犬を定期的にトリミングサロンに連れて行くことも、飼い主の負担を軽減する意味では有意義です。

投薬

投薬については、体調が良くないこともあり、薬を嫌がることが多くみられます。薬剤単体での投与が難しい場合、内服薬は食事に混ぜて与えることになりますが、食欲がない場合にはお手上げです。飼い主が投薬手技に慣れることが最も良い解決策です。飼い主が上手に投薬できれば、愛犬も我慢してくれるでしょう。また、経口投薬器や投薬補助おやつを用いて与えることもできます。どうしても内服薬を与えることができない場合には、同じ成分の注射薬が存在するなら病院で注射してもらうこともできます。ただし、毎日通院しなければならなかったり、長期の投薬が必要な場合には現実的ではありません。外用薬などについては、その扱い方について病院で説明を受け、その場で練習をしておきましょう。

がん性疼痛

がん性疼痛においては、飼い主が愛犬の痛みに気づくことが大切です。散歩や階段の上り下りを嫌がる、家の中で動きたがらない、立ち上がるのがつらそう、元気がなくなった、遊びたがらなくなった、よだれを出している、声を上げる、呼吸数や排便・排尿行動の変化、寝ている時間が長くなったり短くなったりする、などです。

一部は健康な高齢犬にも共通する症状ですが、がんの進行とともにこれらが目立ってくる場合には、がんによる疼痛が原因だと考えられます。痛みを軽減するには、鎮痛薬の処方や放射線照射などが必要ですので、獣医師とよく相談してください。強い痛みを抑制するために麻薬を投与する場合もありますが、取り扱いが厳重なので、事前に獣医師に注意点などについて確認しておきましょう。

自宅においては、動きたがらない、排便・排尿障害、清潔管理などに準じて、室内での静かで落ち着いた居心地の良い環境づくりに努めてください。

がん性疼痛でみられる症状リスト

- 散歩や階段の上り下りを嫌がる
- 家の中で動きたがらない
- 立ち上がるのがつらそう
- 元気がなくなった
- 遊びたがらなくなった
- よだれが出ている
- 頻繁に鳴き声を上げる
- 呼吸が荒くなる
- 頻繁に排泄を失敗する
- 寝ている時間が不規則になる

体位変換

体位変換は、寝たきりになった時の褥瘡《じょくそう》を防ぐための方法の1つです。褥瘡は体の骨張った部位に圧がかかり、血行障害を起こすことで発症します。一度発症すると治りにくいので、予防が大切です。現在では、褥瘡予防には体にかかる外力を減らすことと、頻繁に体位変換をすることが必要といわれています。

人の場合、エアマットレスのような低反発マットレスを使用すれば、同じ姿勢で4時間を超えない範囲で体位変換を行って良いというガイドラインがあります。犬も人に準じた対応で良いと思いますが、終末期前の状態であれば、体位変換をする際に、あわせて排便・排尿を補助的に起立させて行うようにするのが良いでしょう。

褥瘡ができやすい部位マップ

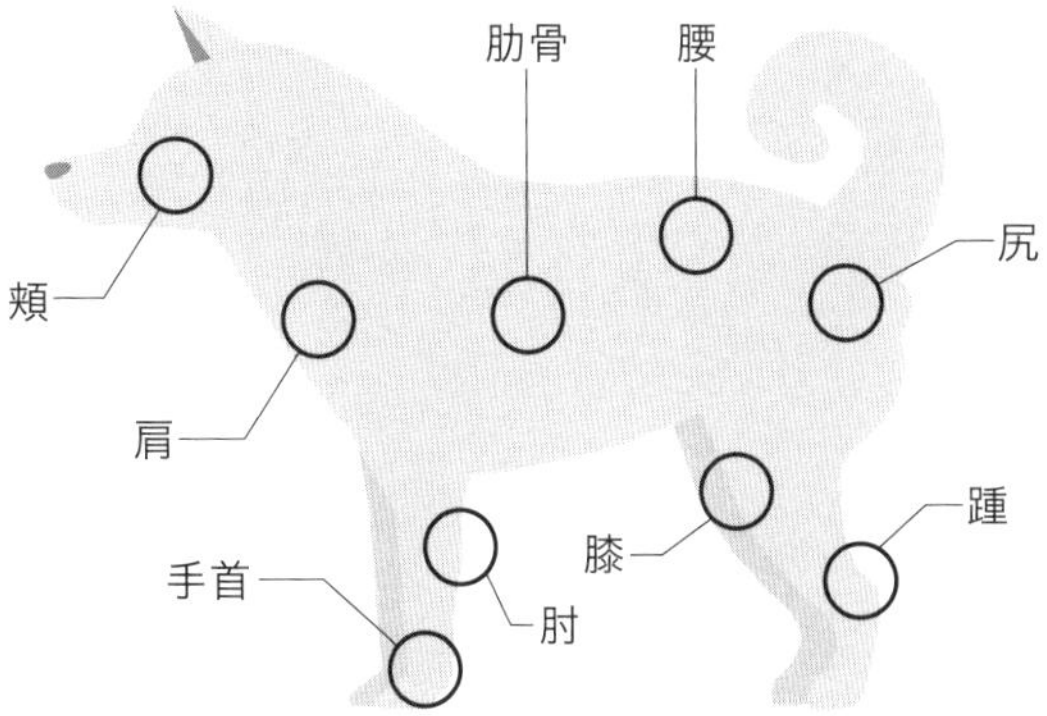

褥瘡のできる部位は、寝ている姿勢によっても異なるが、
骨ばった部分にできやすい傾向にある

発熱

抗がん剤治療後に、骨髄抑制による白血球減少のため、発熱が生じることがあります。症状が軽い場合には抗がん剤の投与を延期したり、抗生剤を内服したりすれば回復します。症状が重くなれば、入院治療が必要になる場合もありますので、抗がん剤治療後の自宅での観察において、体温を測れるようにしておくことも大切です。

嘔吐

抗がん剤投与後の消化器への副作用として、嘔吐があります。犬は嘔吐をしやすい動物ですが、苦しそうに嘔吐をしている愛犬を見ることは、飼い主にとっても大変心配なことです。副作用として嘔吐を起こしやすい抗がん剤を投与する時は、投与後数日分の制吐薬を渡されますので、確実に飲ませてください。また、自宅での注意点と対応について、前もって獣医師によく聞いておくと安心です。

呼吸困難

がんによる呼吸困難の原因はさまざまです。肺がんが進行して肺の機能が障害されたり、肺には異常がなくても、がんの進行に伴って全身状態が低下したりすると、呼吸困難となることがあります。

呼吸困難の症状としては、開口呼吸をする、動きたがらない、少し動いただけで呼吸が荒くなる、などがあります。また、肺から酸素を十分に取り入れられていない場合には、チアノーゼといって、口の中の粘膜や舌が青紫色になる症状を呈し、ＱＯＬを低下させます。呼吸困難の症状に気づいたら、すぐにかかりつけの獣医師に相談しましょう。必要に応じて、酸素吸入などを自宅で行うこともあります。

③ 看護の体制と支援を得る

在宅看護を受け入れる

がんになった愛犬は、原則として入院ではなく通院で治療を受け、自宅で日常的なケアをされることになります。手術をした場合などは一定期間の入院が必須ですが、体調が回復して自宅で看護できるようになれば、自宅でケアをしつつ、必要な時にはそのつど通院するのが良いでしょう。

動物は入院により大きなストレスを受けますので、可能な限り愛犬は飼い主と共に生活するのが自然な関係であり、愛犬にとっても飼い主にとっても好ましいことだと思います。また、がんの治療や看護は長期にわたることが多いため、できるだけ自宅で飼い主と一緒にいることが愛犬にとっても安心です。

飼い主は愛犬のがんに向き合い、最期まで付き合う覚悟をして、限られた貴重な時間を一緒に過ごしてもらいたいと願っています。

訪問看護の現状

近年では、がんになった動物の介護や看護のニーズが高まっています。特に、飼い主が高齢者の場合、愛犬に対して十分なケアをすることが難しくなることもあります。訪問看護のシステムはまだ普及していませんが、高齢動物の日常的なケア、がんの動物の看護などを提供する動物病院や、会社や個人が現れてきています。

多くの動物病院では、日々の一般診療が忙しく、往診や訪問看護は難しい状況にあります。しかしながら、病院での特殊な設備や機器を使わずに処置できる場合には、通院せずに自宅で看護の処置をしてもらうことの必要性は高いと思います。そのような背景から、一部の動物病院が新たに往診を始めたり、往診専門の獣医師の存在が知られるようになってきました。

その他、会社として動物の訪問看護を手掛けたり、愛玩動物看護師が独立して個人事業として活動したりしています。訪問看護の担い手は、動物の看護のみならず、動物の健康に関するそれ以外のさまざまなケアや相談に対応しますので、利用する際には、できれば国家資格である愛玩動物看護師の免許を持っている方が安心です。訪問看護に関するこれらの情報は、ウェブで検索すれば簡単に入手できます。実際にサービスを選ぶ際には、愛犬家友達の口コミも参考になるでしょう。

デイケアとデイサービスの現状

動物におけるデイケアやデイサービスの施設は徐々に増えてきていますが、まだごく限られている状況です。デイケアは病気の処置などを目的に、手軽に利用できる看護施設です。デイサービスは日常的な手間のかかる世話を、飼い主に代わって行う外部の介護施設です。

本来は、がん治療や看護においてはデイケア、がんになった動物の日常的な世話はデイサービスを利用するのが一般的ですが、その施設に獣医師や愛玩動物看護師、トリマーなどが従事している場合には、デイケアとデイサービスの両方を担っていることが多くあります。

これらの施設の存在理由は、あくまでも飼い主の身体的・精神的な負担の軽減が主なものであるため、自宅で全面的なケアができない場合に利用することになります。

これらの施設の利用にあたっては、ウェブなどで場所や施設、スタッフ、対応している内容や料金を吟味して、自身に適した施設を見つけることが大切です。

　また、動物病院への送迎専用タクシー、自宅訪問しての爪切り、耳掃除、ブラッシング、毛刈り、シャンプーなどの愛犬の手入れ、飼い主の外出・出張・旅行など不在の際のドッグシッターなど、ペットに関するさまざまな代行サービスもあります。これらを上手に利用することで、愛犬の在宅ケアをくじけることなく続けることができます。

訪問看護などの代行サービスを上手に利用して、
在宅ケアを続けよう

在宅ケアをしている飼い主の心情を知る

ここではペットのがんの治療や看護を経験した飼い主の心情を知るために、過去に実施したアンケート調査の結果を続けて紹介していきます。

まず、愛犬ががんと分かった時の心情として、大半の飼い主は不安だったと答えています。そして、不安の内容の主なものとしては、「余命」、「見た目」、「動物の苦しみ」が挙げられました。

「余命」では、がんは死と向き合う病気であるため、愛犬の命がいつ果てるのかということが、毎日世話をしている飼い主にとって重く心にのしかかっていることが分かります。

「見た目」では、口腔内や鼻腔内のがんでみられる顔の変形などを指していますが、今は大丈夫でも、さらにがんが進行した時の容貌に耐えられないかもしれないという不安だと思います。

「動物の苦しみ」では、動物ががんとなってどれほど苦しむのだろうか、今後がんの進行とともに動物の苦しみを目の当たりにした時に、自身がどのように感じ、それを受け入れられるのかという不安だと思います。

次に、積極的治療をしましたか、という質問に対して、およそ3分の2の飼い主は、治療をしないという選択をせずに、積極的に治癒もしくは延命を目指して治療したことが分かりました。残りの3分の1は積極的治療をしませんでしたが、その理由として、根治の見込みのないがんであった、積極的治療によって愛犬を苦しませたくなかった、治療費が高額であった、などが考えられます。

セカンドオピニオンを利用しましたか、という質問では、3分の1の飼い主がセカンドオピニオンを利用していました。ただし、一部の飼い主は主治医には内緒であったということでした。動物医療においてセカンドオピニオンの制度は十分に広まっているとはいえませんが、愛犬にとってより良い治療の選択をするためには、飼い主は主治医から今までの臨床データを受け取る必要があります。主治医にはオープンにして、セカンドオピニオンを受けるべきだと思います。

飼い主の負担になったことは、という質問に対して、多い順に「気分の落ち込み」、「つきっきりでの世話」、「目が離せない」、「睡眠不足」、「外出できない」、「費用」、「仕事を休む」が挙げられました。これらのことから、愛犬のがんのケアは精神的・身体的・経済的負担が大きく、特に「つきっきりでの世話」、「目が離せない」、「外出できない」、「仕事を休む」に示されているように、一日24時間体制の対応をしていることが分かります。

飼い主のやるべきことと心の保ち方

不安を抱えた飼い主や家族がやるべきことは、現実を直視して、何をすべきかを考え、実行していくことだと思います。愛犬が罹っているがんについてよく知ること、今の状況を把握して、何をしなければならないかをよく考えることは、不安を軽くすることにつながるのではないでしょうか。

日々のケアの中で、愛犬を注意深く観察して、何が問題なのかに気づき、それを解消することに集中して、できるだけＱＯＬを下げないようにしましょう。

どんなことがあっても悔いを残さないために、愛犬に寄り添い、一日一日愛犬のためにできることを精一杯実行していきましょう。悲しむのではなく、愛犬と生活できることに感謝しましょう。そして、生きとし生けるものは全て死から逃れられない運命にあることを理解しましょう。最後の覚悟として、死を否定したり、死を避けたりするのではなく、死を受け入れることも必要なのではないでしょうか。

とはいっても、過酷な日常のケアを継続させるためには、飼い主や家族が全てを背負うのではなく、訪問看護や外部の施設やサービスをうまく利用することも考えておきたいものです。

第5章

最期を迎えるにあたって

1 終末期ケア

看取りは自宅が原則

がんが進行し、治る見込みがなくなった時、その先ずっと動物病院に入院したまま亡くなることは愛犬にとっても飼い主にとっても望ましい最期ではありません。がんの末期は、基本的に病院で積極的治療をしても効果がありませんので、自宅で看取るのが一般的です。がんによる死への過程は、突発的に起こるものではなく、徐々に病状が進行するため、ある程度予測ができます。そのため、心肺停止時の蘇生処置をしないことを前もって確認しておく必要があります。飼い主は動物病院スタッフにアドバイスをもらいつつ、愛犬の死を受け入れるために、自らの心の準備をすることになります。

飼い主自らできるだけの看護をして、愛犬の最期を見届けることは、悔いを残さないためにできる唯一のことであり、愛犬への最も大切な思いやりといえるでしょう。

愛犬にとっても、普段の環境の中で、家族に見守られながら逝くことの方が本望ではないでしょうか。病院スタッフや受診する見知らぬ動物とその飼い主のいる緊張感のある雰囲気の病院で、人の目を気にしながら看取られるのは心穏やかとはいえません。

別れへの過程

がんになった動物は、がんが進行しても、急激に全身状態が悪化することはありません。例外として第3章で紹介した脾臓破裂による大量出血や、気道閉塞による呼吸困難、尿道閉塞による排尿困難などによる急性症状で全身状態が急激に悪化することがありますが、それらの原因を除去すれば、その後の病状は緩やかに推移していきます。そして、終末期を迎えて初めて病状が急変し、短期間のうちに亡くなります。

愛犬を亡くした飼い主さんから、「ちょっと前まで自力で生活できていたのが、食欲がなくなって動けなくなり、呆気なく亡くなってしまった」という話をよく聞きます。人の場合、急性的な異常がなければ、亡くなる4～12週間くらい前が終末期になるといわれています。犬の終末期は1～3週間くらいと、人よりも短い傾向にあるのではないかと私は感じています。

終末期を知る

終末期とは、「治る見込みのない病気が進行し、近い将来に死に至るであろう状態」と定義されています。

がんが進行すると、徐々に痩せていき、活動性はやや低下しますが、終末期に至るまでは自力で歩くことができます。また、食欲もある程度あり、排便・排尿も自力ですることができます。

そのような状態から数日のうちに、寝たきりになる、食欲がなくなる、排便・排尿を垂れ流すなど、症状が急変したら終末期に入ったとみなされます。さらに、全く食べなくなり、呼びかけにも反応しなくなってくると、最期が近いことを覚悟しなければなりません。

終末期ケアの実践

終末期ケアとは、ターミナルケアとも呼ばれ、老衰のように、枯れるように逝くことを目指すケアです。末期がんなど終末期患者の精神的・身体的苦痛を軽減し、安らかに死を迎えられるようにするケアであり、前もって予想される苦痛や不快感に対して、どのように緩和していくかを、飼い主・獣医師・愛玩動物看護師などの関係者がよく話し合って、考えておく必要があります。

終末期の状態と看護の注意点

愛犬ががんと診断され、積極的治療を実施したものの、病状の進行とともに治療が効かなくなり、終末期を迎えた状態を想定してください。

さまざまな症状が出現することが予想されます。それらの症状に応じた対応策を、前もって考えておきましょう。

疼痛

人の進行性のがんでは、70％以上の患者が痛みを感じているといわれており、それに対応した治療が行われます。犬や猫でも、人と同様に対応するのが一般的になってきています。がん性疼痛は、強い痛みであること、持続的であること、徐々に痛みが増強する傾向があることなどの特徴があります。

痛みの緩和のために、獣医師から鎮痛薬を処方されている場合には、痛みの兆候を観察しつつ、規則正しく投与を継続するのが良いでしょう。痛みに気づいた時だけ一時的に投与する頓服での投与は正しくはありません。終末期においても、痛みは好ましくないものと認識して、除痛をすることはメリットのあることです。

寝たままでの夜鳴き

犬の夜鳴きの原因はさまざまです。認知症、痛み、空腹や喉の渇き、排便・排尿にかかわるもの、寝床の不快感、それに加えて精神的な不安感や孤独感などによるものです。

人のがんの終末期に、身の置きどころのないだるさや、だるくて眠れないという症状が比較的よく現れ、全身倦怠感といわれています。

この全身倦怠感は、体と頭の元気の度合いのずれによるものと考えられ、がんの終末期には体の力は非常に弱っているのに対して、頭の方はそれほど弱っていないことによるものです。

犬の全身倦怠感についてはよく分かっていませんが、夜鳴きの精神的な不安感や孤独感につながると考えられます。全身倦怠感以外の原因を除去してもなお、寝たままの状態で夜鳴きが治らず、飼い主を悩ます場合には、がんの終末期の症状として考えることができます。そのような場合、ステロイド薬や鎮静薬が適応となることがありますので、獣医師と相談すると良いでしょう。

(1) 早期には小さかったがん病巣が大きくなり、周囲の臓器や組織に浸潤し、遠隔転移を起こすようになったもの。全身状態が低下し、さまざまな症状がみられる。

呼吸困難

終末期になると呼吸困難の症状は重度になる傾向があります。呼吸困難とは、息苦しかったり、呼吸ができない状況ですが、犬では開口呼吸、流涎（よだれ）、苦しそうに胸部を激しく動かす、動くことを拒否するなどの仕草が表れます。体内への酸素の取り入れができなくなると、粘膜の色がピンク色から青紫色に変化します。また、がんの進行に伴って貧血が重度になると、酸素不足となって息苦しくなることもあります。

飼い主にできることとして、換気の良い静かな環境づくりがあります。室温を低めにして風を顔に当てる、背中を優しくさする、居心地の良い寝床にする、呼吸が楽になる姿勢をとらせる、全身が横になっている場合には前半身のみをうつ伏せにするなど、愛犬が楽に過ごせる工夫をしてください。

それぞれの病態に応じて、薬物治療、酸素吸入、補液が選択されます。獣医師に往診を依頼できる場合には、症状を説明し、適切な対処をしてもらいましょう。

食欲不振

がんの犬に生じる食欲不振にはさまざまな原因がありますが、その中でも痛みや消化管閉塞など治療可能なものについては、しっかりと治療をして改善させることが大切です。それ以外のがんの進行に伴う終末期の食欲不振は、悪液質[(2)]を伴うことが多く、強制的に栄養補給をしても、悪液質の改善にはつながらず、逆にがんの栄養になってしまうことになり、さらにＱＯＬを低下させることもあります。したがって、この時期には体の方が食事を欲しがっていない状況であることを理解し、無理をさせず、好みのものを食べやすくして、様子を見ながら口に入れてあげましょう。食べなくて良し、少しでも食べてくれればなお良しと思って、食べる量にはこだわらないようにしましょう。

---

(2) がんなどの疾患が進行して極端に削痩し、脂肪や筋肉が消耗して貧血などを伴う状態。

脱水

がんの進行に伴い、食欲不振が明らかで脱水をしている場合、健康な犬と同様の量を補液しても、浮腫や胸腹水の貯留をきたし、すでに呼吸困難を呈している場合には症状を悪化させることになります。日本緩和医療学会の「終末期がん患者の輸液療法に関するガイドライン」においても「終末期の補液はなるべく控えめにした方が、患者の苦痛が少なくて済むことが多い」と記載されています。

ただし一部の例では、少量の補液で状態が良くなる場合もあります。例えば、水を飲みたいのに口腔内の大きながんのために口から飲めない状態になっている時や、横になっていて口を開けられない、もしくはうまく飲ませられない場合などです。その

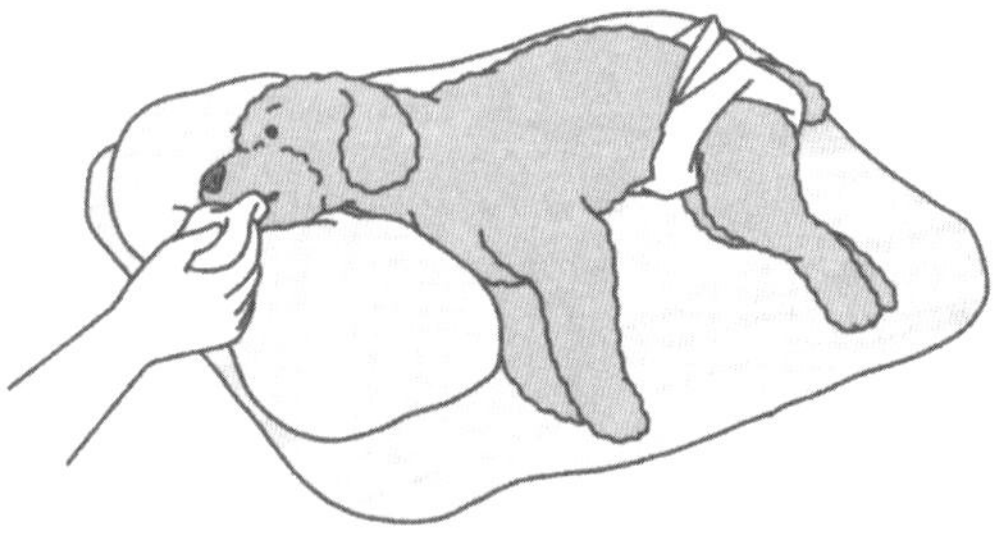

水を自分でうまく飲めない状態で、口の渇きが気になる場合は、塗らしたガーゼで口元を軽く拭くようにする

ような際も積極的な増量はせず、水分の過剰兆候がみられたら、減量するか中止します。むしろ、終末期においては、補液を中止した方が体にとっては楽になることが多いようです。口内の渇きが気になる時は、水分を含むガーゼなどで口元を軽く拭いてあげるのも良いでしょう。

終末期せん妄

せん妄という言葉は普段の生活ではあまり使いませんが、意識の混乱のような状態を指します。認知症などによっても同様の症状が現れますが、がん末期で高い頻度でみられ、時期にかかわらず現れます。犬の症状としては、呼びかけに対する反応が鈍い、昼間に眠って夜眠らない、落ち着きがなく、転んだりどこかへ行こうとする、ボーッとしたり、突然興奮したりする、などです。

人では、治療によっておさまる可逆的なせん妄と治療をしてもおさまらない非可逆的なせん妄に分けられ、がんの終末期に起こる終末期せん妄は非可逆的なことが多く、昏睡となる前の段階で現れ、亡くなるまでの時間は数日～数週間と考えられています。

愛犬が終末期せん妄を示した時には、飼い主や家族は不安になると思いますが、終末期の過程の1つとして受け入れてください。よく見守り、いつものように話しかけたり、体をマッサージしたり、昼間は日光を採り入れて体を優しく動かして刺激を与え、夜は真っ暗にせずスポット照明をつけて落ち着いた雰囲気をつくりましょう。物にぶつかって怪我をしないように周りの環境を整えることも重要です。正常な排泄が困難な場合には、あらかじめオムツを付けておくか、トイレに行く素振りがあれば介助します。

この時期は、飼い主や家族は介護の疲れでクタクタになると思います。みんなで協力して、疲れのために体調を崩さない工夫をしてください。必要であれば訪問看護など、外部のサービスも適宜利用するようにしましょう。症状が継続してみられる場合など、心配な状況がみられたら、獣医師に相談しましょう。薬を頓服により使用することがあります。

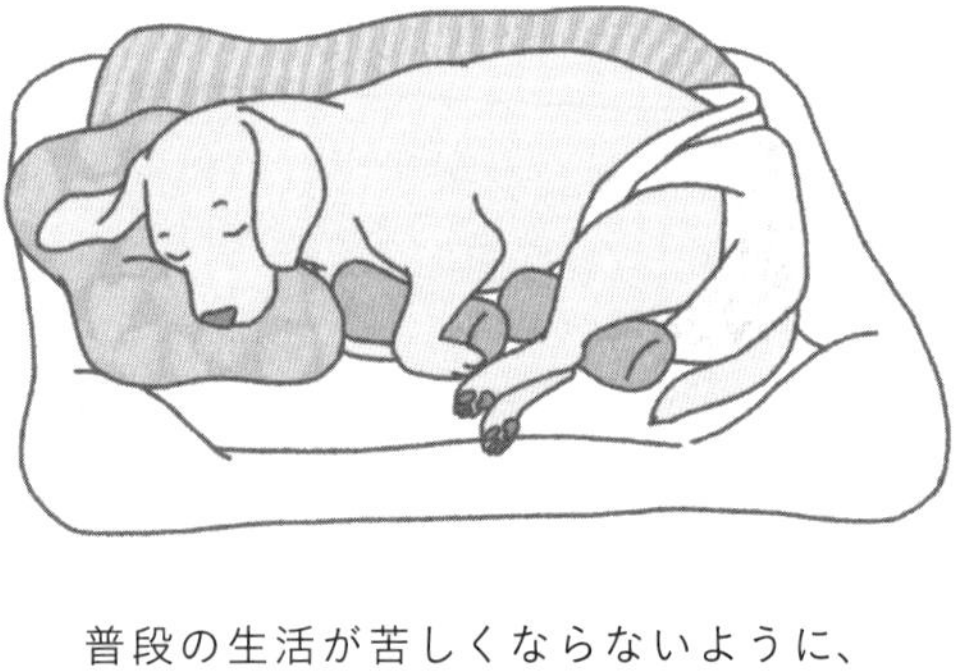

普段の生活が苦しくならないように、
周りの環境を整えよう

死前喘鳴

終末期には呼吸が不規則となり、ゼイゼイ・ゴロゴロという不快な音が聞こえてくることがあります。これを死前喘鳴《しぜんぜんめい》といって、人ではがん患者の約35%に生じ、そのうち76%が48時間以内に亡くなったという報告があります。意識が低下している場合には、苦痛はほとんどないといわれていますが、見守っている家族は苦痛があると感じることがあり、何らかの対応を求めることがあります。

人では、不快な音の原因である唾液の吸引や、呼吸を楽にするために抗コリン薬を投与する場合があります。吸引は家族の不安を和らげることを意識した処置ですが、手間取ったり、うまく吸引できないこともあり、かえって患者に負担をかけることにもなるため、優先すべき対処法とはいえません。

犬における死前喘鳴の出現確率などは、詳しく分かっておらず、対処法は確立されていません。意識が低下している場合は、苦痛を感じていないことが多いとされているので、愛犬に寄り添い、体をマッサージしたり、呼吸しやすいように顎をやや持ち上げるようにしたり、体位変換（体の下にクッションを入れて、横向けからやや腹ばいへ変換したり、横向けのままで頭をやや上げる）などの工夫をします。意識があり、獣医師が立ち会っていれば、抗コリン薬や鎮静薬などの投与も考慮します。

2 安楽死の選択

安楽死を考える

動物医療においては、獣医師と飼い主の双方が同意すれば安楽死を選択することができます。

広辞苑によれば、「安楽死とは、助かる見込みのない病人を、本人の希望にしたがって、苦痛の少ない方法で人為的に死なせること」とされています。安楽死は動物にだけ認められた死なせ方であり、わが国の人医療では認められていませんが、オランダなどでは条件を満たせば例外的に人でも認められています。

オランダにおける安楽死のできる条件とは、患者の完全で自発的な決断による意思であること、生きることが「改善の見込めない耐え難い苦痛」となった、あるいは今後そうなると予想されること、そして安楽死以外に「合理的な代替策がない」ことを医師に認めてもらうこと、さらに別の医師が独立の立場から同意することと法律で定められています。

動物医療における安楽死は、欧米では比較的肯定的に受け入れられている一方、わが国では安楽死の選択に大変悩んだり、避ける傾向があり、決断して安楽死をしたのちに後悔することも多いといわれています。命の看取りに際しての考え方は多様であり、いろいろな議論があって当然だと思いますので、どんな決断であっても必要以上に自分を責めたり、後悔したりしないようにしましょう。

現代において、安楽死は高齢社会や遷延性意識障害患者（俗に植物人間と称される）の問題と無関係とはいえないと思いますが、人でも安楽死の必要性を一部の人たちは主張するようになってきています。逆に、動物医療でも安楽死に反対する意見もあります。

わが国で行われた獣医師へのあるアンケート調査では、「勤務する動物病院では、安楽死を実施していますか」に対して、「していない」と答えた獣医師が11・1％いました。飼い主が望んでも、動物病院の方で拒否する事例もあり得るということです。

安楽死は動物の痛み・苦しみをとる手段

がんの場合、徐々に全身の機能が低下して死に至るのであれば、安楽死をしなくても良いという考え方もあるでしょう。しかし、個体ごとにさまざまな症状が発生しますので、個体によっては耐えられない苦痛に見舞われることもあります。

安楽死を考える場合の典型的な例としては、耐えられない苦痛や病状のため愛犬に痙攣発作がたびたび起こり、飼い主が見るに耐えられなくなったという場合がありまず。亡くなるまで苦痛から解放されないのは、愛犬にとっても飼い主にとっても大変なストレスとなります。このような場合には、安楽死の決断は比較的容易かもしれません。

別のケースとして、第3章でも紹介したように、口腔内のがんが進行して愛犬の顔面が変形して食事を摂れなくなったりします。その改善策としては、胃瘻チューブを設置することで延命することはできます。しかし、飼い主が愛犬の不憫な顔を毎日見ることに耐えられない場合、飼い主は安楽死を希望できないのでしょうか。飼い主が、胃瘻チューブの設置を望まない場合も考えられます。確かに、愛犬がこのような状態であっても、愛情を持ってケアし続けられれば、最期まで看取ることはできますが、このような耐えられない状況で安楽死を選ぶかどうかは飼い主の考え方次第ではないでしょうか。

安楽死と飼い主の心情

安楽死を選択するかどうかは、あくまで愛犬の状態を最優先にすべきですが、それに加えて、飼い主の極度の身体的・精神的ストレスも関係してきますので、飼い主の考え方や生活環境、経済状況などにも左右されます。

安楽死の決断で大切なのは、前もって、起こりうるさまざまなことを想定しておくということです。あらかじめ何も考えていない状況で、いざ愛犬の状態が急変した際、安楽死を選択すべきかどうかをすぐに決断することはとても難しいことです。

安楽死は飼い主の一存で実施することはできず、獣医師の同意が必要となります。そのため、緊急事態になる前に、獣医師とよく相談しておくことが必要です。もちろん、家族全員と話し合い、意見を統一しておくことも忘れないでください。

相談内容としては、最初に安楽死を実施している動物病院かどうかを確認しましょう。実施していない病院の場合には、安楽死を実施する病院を紹介してもらうか、もしくは前もって自分で探しておきましょう。

その他に確認しておくべきこととしては、安楽死を選択しない場合の愛犬の状況と経過はどのようになるか、安楽死を選択する状況とはどのような場合があるか、安楽死の具体的方法はどのような処置なのか、安楽死で動物は苦しまないのか、安楽死を実施する場所はどこを希望すべきか、飼い主と家族の立ち会いをどうするか、立ち会う場合は誰が付き添うのか、費用はどれくらいかかるか、などがあります。

安楽死の方法

安楽死の過程で動物が苦しむことはありません。

全身麻酔をかけるのと同様の手順で、安楽死を実施します。全身麻酔薬を徐々に投与していくので、意識がなくなったのち、呼吸が止まり、死に至ります。

具体的には、前肢もしくは後肢の血管に、薬剤を投与するための留置針を入れます。愛犬が不安を感じている場合には、まず鎮静薬を投与して不安や緊張を和らげます。犬が落ち着いてから全身麻酔薬を徐々に入れると、眠るように意識がなくなります。さらに投与をしていくと呼吸が止まり、その後、少しして心停止します。場合によっては、スムーズに死に至らせるための補助薬を追加することもあります。獣医師は、呼吸停止、心停止、瞳孔の散大、肛門括約筋の弛緩を確認し、亡くなったことを判断します。

死亡を確認したあとは、留置針を外し、体をきれいにして、飼い主にお返しします。注意点として、安楽死を実施する場所としては、現実的には動物病院が多くなりますので、自宅での処置を希望する場合には、前もって相談しておきましょう。また、安楽死を実施する際に、飼い主が愛犬を抱いた状態で実施するのかどうかについても希望を伝えておきましょう。飼い主の家族のうち誰が立ち会うのか、特に子供は死に対して大人とは異なる感受性を持っているのではないかと考えられているため、子供の立ち会いについては十分に考慮しておきましょう。

命に対する想い

心不全や不慮の事故で突然亡くなることは、最期に至るまでの時期を当人と共に過ごせないため、パートナーや家族にとっては不幸な死であるといわれることもあります。

がんは診断されてから死に至るまで、ある程度の期間、いわば猶予期間といっても良い時間が確保されています。その期間に悔いを残さないように、愛犬の喜ぶことや一緒に行きたかった場所に連れて行くことなど、まだ元気であれば実行することもできます。『どうせ死ぬなら「がん」がいい』（中村仁一、近藤誠）という本も出版されているくらいです。

がんが進行しても、その猶予期間に愛犬にできる限りの愛情を注ぎ、ＱＯＬが低下したらできるだけの工夫を行い、少しでも元気になった時の喜びを感じる、最期まで責任を持って看取ることができた充実感を味わうなど、愛犬の死に対してできるだけ悔いを少なくする努力をしたいものです。死は生物にとって避けられないものであり、無常で切ないことですが、受け入れざるを得ません。がんになった愛犬を前に、むやみに悲しんだり落胆してばかりでは、亡くなった愛犬も浮かばれません。がんと診断され、治す術がなくなった時でさえも、少なくともこれからできるだけのことを精一杯しようと、覚悟ができるようになりたいものです。

3 ペットロスとは

ペットロスは避けられないもの

ペットロスは誰もが経験する正常な心の反応です。

ペットロスとは、大切に飼っていた動物を死別などにより失くすことに伴って深い悲しみにおそわれ、人によってはそのような状態が長く続くこともある感情の落ち込みを表すものです。ほとんどの飼い主はこのような感情を経験しますが、時間とともに回復していくのが一般的です。

ごく一部の飼い主は、時間が経っても悲しみの感情が軽減されず、精神的・身体的不調をきたすことがあります。このようなことは、性格や生命観のみならず、性別や年齢にも関連するといわれており、深刻な場合には一人で悩まずに、ペットロスの専門家のカウンセリングなどを受けることをおすすめします。

ペットロスとの向き合い方

誰でもペットロスに陥るわけですが、愛犬の死に対して強く自身を責めたり後悔したり、話す相手がいなくて悲しみを自分の中に閉じ込めてしまうと、ペットロスからなかなか抜け出すことができなくなります。

悲しみを心の中に閉じ込めないで、真正面から向き合い、自身の感情に素直になって心を解放してください。素直に泣いたり悲しんだりすることも、その後の心を立ち直らせるために有用だといわれています。

また、ペットロスを経験したことのある親しい友達や愛犬家仲間に心の内

ペットロスの苦しみは、一人で抱え込まずに
専門のカウンセリングなどを利用しよう

を打ち明けることで、悲しみが紛れ、心が楽になることもあります。

愛犬を亡くした喪失感を和らげるには、自分の望むやり方で、しっかりと供養することが重要です。自身が納得する形式の葬儀をして、永代供養をするのも良いでしょう。在りし日の楽しい思い出の写真を飾るのも良いかもしれません。

そして、ペットロスを受け入れ、心の整理がついた頃に、新しいペットを迎えることも、心の癒しの助けになると考えられています。ただし、これは飼い主がペットロスをある程度乗り越えつつある状況で、自発的に希望する場合であって、悲しみのピークにある飼い主に、第三者が良かれと思って一方的にするものではありません。

4 看取りと葬儀など

看取りの仕方と死後変化

がんが徐々に進行して、終末期を迎えた場合、通常では自宅で看取ることになります。急速な状態の悪化などで安楽死を選択せざるを得なくなった場合には、動物病院もしくは自宅で看取ることになります。安楽死の場所は、前もって決めておきましょう。病状が急変した場合には、病院へ連れて行き、処置を受ける必要があります。改善した場合は再度自宅で看護をしますが、改善しない場合には、その後の看護と看取りをどうするか病院と相談しましょう。

自宅で看取る場合には、飼い主や家族が立ち会うことになります。最期まで訪問看護をしてもらう場合には、獣医師もしくは愛玩動物看護師に立ち会ってもらい、死亡の確認をしてもらいましょう。そうでない場合には、飼い主自ら死亡の確認をできるようにしておきましょう。

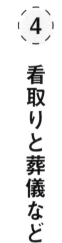

自宅で看取った後は、葬儀に出すまで、遺体を自宅に安置することになります。死後の状態を知ってもらうために、代表的な死後変化について説明します。

人や動物では死後、体温が下がって冷たくなったり（死冷）、皮膚に変色が生じたり（死斑）、体が硬直したり（死後硬直）します。死後硬直は気温や筋肉の量によって異なりますが、通常は死後2～3時間で始まり、死後24時間ほど続いた後、徐々に硬直が解けていきます。死斑は死後2時間以内に発生が始まり、およそ8～12時間かけて形成されます。死後3日目頃より体内にガスが発生し、10日を過ぎると腐乱が始まります。

自宅に遺体を安置し、葬儀に出すまでは、エアコンや保冷剤で冷やして、硬直前に手足を体の内側に曲げておきます。体内にガスが発生する前に、できるだけ早く葬儀社に連絡をして、葬儀の手続きをしましょう。

エンジェルケア

愛犬が亡くなった後、体をきれいにして、生前の状態に近い装いにすることをエンジェルケアと呼びます。自宅で亡くなった場合は、エンジェルケアを行い、しばらく安置します。お花やお気に入りだったおもちゃを添えます。形式は特にありませんので、飼い主と家族が望むようにしてください。

愛犬を葬儀に送り出すまでの時間は、愛犬との出会いから今日に至るまでの思い出、楽しかったこと、記憶に残っていること、さまざまなことを思い巡らすことにあててください。今まで一緒にいてくれたことに感謝しましょう。そして、悲しいことですが、大切な命が遠くの世界に行ってしまったことを受け入れましょう。

愛犬を心から弔うために、葬儀をしましょう。悔いを残さないために、形式は問いませんが、しっかりとした儀式を行うことをおすすめします。

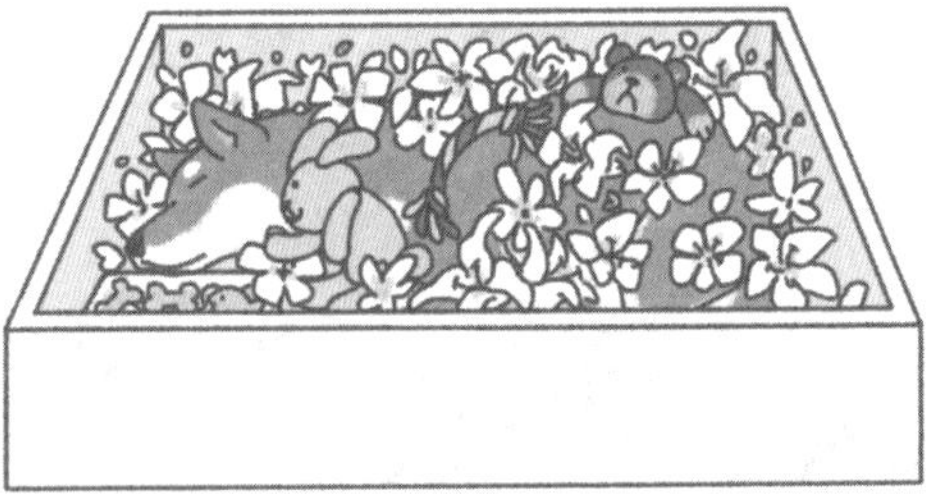

愛犬の葬儀の形式は、悔いを残さないように飼い主自身がよく考えて決めよう

死後の弔い方

近年では、愛犬の葬儀は民間のペット葬儀社に依頼して、人と同様に火葬することが一般的になっています。遺骨は納骨、埋骨、散骨など、飼い主が希望する方法を選ぶことができます。ただし､埋骨や散骨は自治体などの許可が必要な場合もあるので、ペット葬儀社と相談しましょう。しっかりとした供養をするという意味では、お墓や納骨堂への納骨がおすすめです。いつでもお墓や納骨堂にお参りができ、在りし日の愛犬を偲ぶことができます。

ペットの火葬施設を持っている自治体では、有料で火葬することもできます。民間の葬儀社と比較して費用が安価ですが、扱いがゴミとしての処分になりますので、遺骨は戻ってきません。納骨などの供養はできないことを知っておいてください。

以前は火葬をしないで、自宅の庭に土葬することがよく行われていました。現在でも土葬はできなくはないのですが、衛生面から、広い庭に深く掘るという条件で埋葬しなければならないため、わが国の住宅事情を考えれば、近所迷惑になることもあり、あまりすすめられません。家族同様に暮らしていた愛犬だからこそ、人と同様に火葬することが最も受け入れられる方法ではないでしょうか。

葬儀の形式はさまざまで、飼い主それぞれが希望するものを選択すれば良いのですが、愛犬の供養で大切なのは、愛犬と過ごした日々を忘れないこと、折にふれては思い出して懐かしむこと、ではないかと思います。

死亡手続き

犬では、死亡してから30日以内に各自治体へ死亡届を提出することが狂犬病予防法で義務付けられています。この理由は、犬は狂犬病予防ワクチンを接種する義務があることに関連しており、死亡届を提出しないと狂犬病予防接種の案内がいつまでも届くことになります。

この死亡届の義務は強制ではありませんが、家庭犬の飼育状況を把握する上で欠かせないものですので、自主的に対応しましょう。

死亡時に必要な手続きと葬儀などの手配

・死亡を自身で確認もしくは獣医師に確認してもらう

↓

・エンジェルケアをする

↓

・部屋や遺体を冷やす

↓

・硬直前に手足を体の内側に曲げる

↓

・葬儀社に連絡する

↓

・葬儀を行う

↓

・自治体へ死亡届を出す

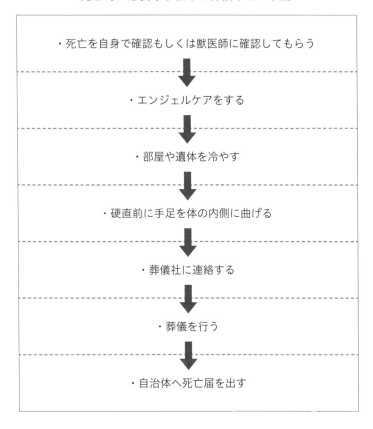

第6章

愛犬のがんとの向き合い方11カ条

1 愛犬と1日でも長く、普通の生活を一緒に過ごせることを第一に考えましょう

愛犬ががんと診断された場合、そのがんが治るかどうかのみを気にするのではなく、QOLを維持しつつ、できるだけ長く、普通の生活を一緒に過ごせるにはどうすれば良いかを考えましょう。愛犬も飼い主も、限られた命をお互いに尊重して生活しています。先に逝くであろう愛犬との絆を大切に、どうすれば苦しまず、喜んでもらえるかを考え、共に過ごせる時間を大切にすることこそが、亡くなったあとの悔いを軽減する唯一の方法だと思います。

2 愛犬のがんは飼い主自身のがんと思って、飼い主自ら徹底的に勉強し、行動しましょう

全てを獣医師と愛玩動物看護師に丸投げするのではなく、飼い主自身のこととして

積極的に考え、自身の意見を持って動物医療スタッフと話し合いましょう。飼い主の熱意は動物医療スタッフにも伝わり、いつも以上の真剣な取り組みにつながり、好結果をもたらすことがよくあります。

どのようながんで、どのような対応が必要かについて、飼い主が自ら勉強し、愛犬にとって最善とは何かについてよく考えましょう。

がんから目を背けたくなる気持ちと折り合いをつけて、事実をしっかりと受け止めてください。そして、できる限りその場面その場面において最善を尽くしましょう。そうすれば、どのような最期を迎えようと、少しは心が楽になるものです。

3 信頼のおける獣医師を選びましょう

がんは命にかかわる病気ですので、信頼のおける獣医師に診てもらいたいと思うのは、飼い主の当然の願いだと思います。獣医師を選ぶ目安として、一方的に方針を押し付けてこないこと、話をよく聞いてくれること、スタッフとの連携がスムーズなこと、やや忙しいくらいの診療件数でも一件一件丁寧に診てくれること、そして何より重要なのは、話をしていて違和感がなく、相性の良い獣医師と思えることです。

また、経験だけに頼らず、過去の症例報告や論文を読み、よく勉強している獣医師を選びましょう。経験豊富な獣医師は頼りになる一面もありますが、動物のがん医療は日々進歩しています。過去の治療法が見直されたり、新しい治療法が開発されたりしています。治療方針に迷う症例にぶつかった時、同じような症例に関して、日本だけではなく欧米の症例報告や論文に目を通し、飼い主と情報を共有できるような獣医師は信頼ができます。

4 獣医師をはじめ動物医療チームに対して不信感を抱いた場合には、動物病院を変えましょう

獣医師選びや動物病院選びは治療の成否を左右する最大の関心事です。しかし、優れた獣医師や動物病院に巡り合うかどうかは偶然性の要素もあり、難しいものです。診療の中でどうしても納得できない状況になり、話し合いで解決できない場合には、

迷わず動物病院を変えることも考慮しましょう。

近年では、動物病院の数も増え、飼い主が動物病院を選べる時代になっています。転院を考える際には、動物病院のホームページの内容を見て、がんに関する情報が豊富に記載されているかどうかや、信頼のおける飼い主友達からの評判を参考にするのが良いと思います。また、ＳＮＳでの評判はあまり当てにしない方が良いでしょう。

5 治療方針に迷ったら、セカンドオピニオンを利用しましょう

動物病院を変えるつもりはないけれど、治療方針でどうしても決断できない、という場合には、セカンドオピニオンを利用しましょう。その際、担当の獣医師にそのことを告げて、治療方針を確認してセカンドオピニオンに必要な検査データなどをもらいましょう。動物医療でのセカンドオピニオンはまだ十分に広まっていませんが、獣医師もセカンドオピニオンに対して理解を持つようになってきています。内緒でセカンドオピニオンを受けたり、こっそり転院するようなことは当然望ましくないので、

しっかりとかかりつけの獣医師とも相談をするようにしましょう。

セカンドオピニオンとは

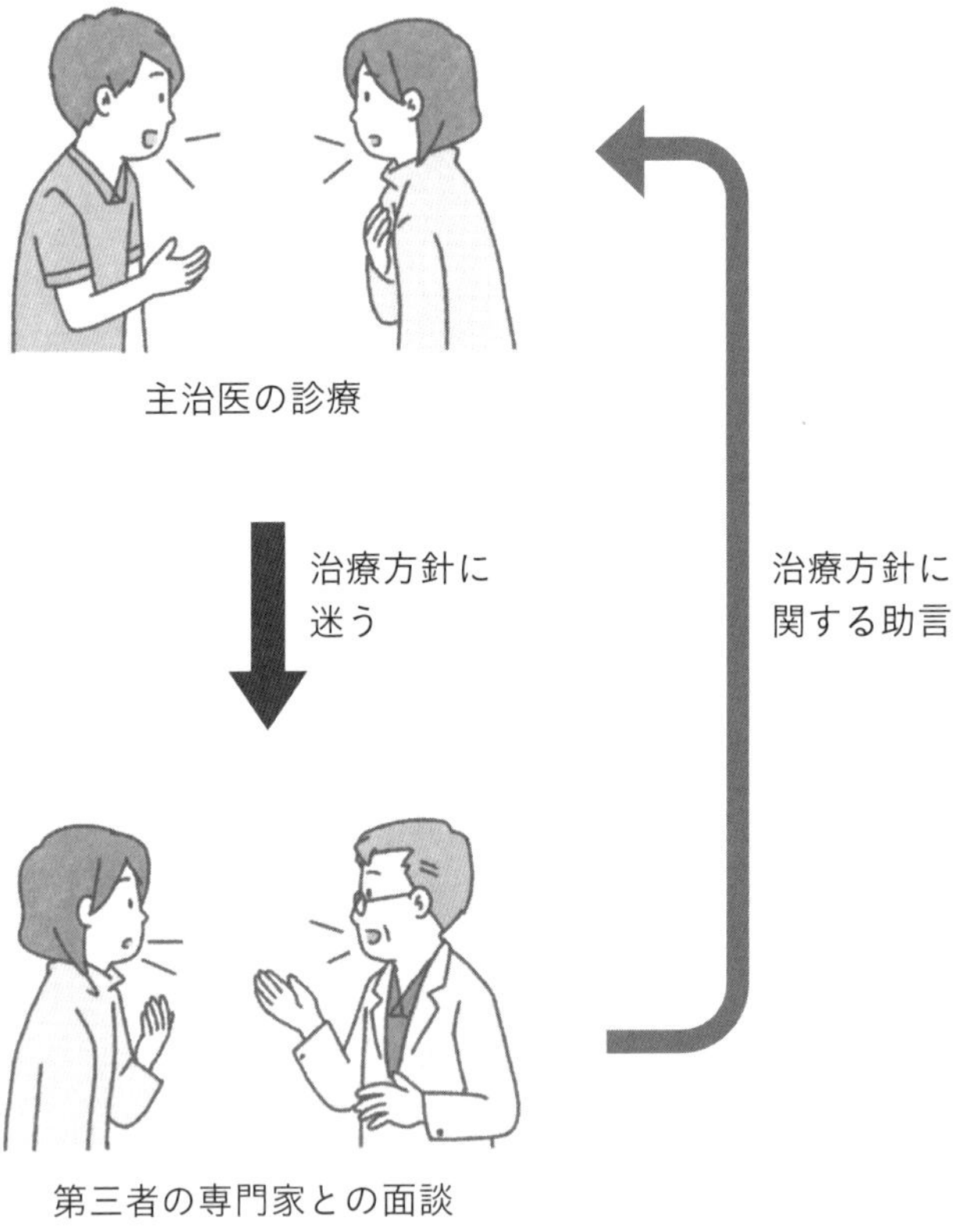

6 高度な治療を望む場合には、大学病院などの二次病院を紹介してもらいましょう

がん治療は手術、薬物療法、放射線治療のどれをとっても専門性の高い分野となります。高度がん医療を希望する場合は、大学病院などの二次病院をホームドクターに紹介してもらうことになります。ホームドクターの一次病院で治療ができない場合の大学病院などへの紹介システムは今ではよく整えられています。

二次病院には、獣医大学附属の動物病院と民間の専門病院があります。大学病院は国立大学10校、公立大学1校、私立大学6校の計17校にあります。大学病院といっても、全ての診療分野で優秀な専門家がいるわけではなく、診療分野によりレベルの高低はあります。そのため、ホームページを確認して腫瘍診療科があるかどうか、がん診療に対する情報と実績が豊富かどうかで、信頼できるがん診療を行っているかどうかを判断しましょう。

民間の専門病院の場合、がんを専門としているかどうかはホームページを確認すれば分かります。大学病院と比較して、診療日や診療時間などの体制が充実していたり、

夜間診療を実施しているところもあります。大学病院の診療日は週に2〜3日のところが多く、夜は獣医師が不在となるところもあります。また、大学病院のほとんどは予約制ですが、予約が混んでいると1〜2カ月待ちとなることもあります。診療費用ですが、大学病院と民間専門病院では相違がみられることもありますので、事前に確認しましょう。

二次病院で必要な治療が完了すると、紹介元の一次病院に戻されます。治療後の日常の看護は一次病院の担当となります。現状の動物がん医療では、治療の進歩に比較して、看護の実践が遅れている傾向があります。そのため、手厚い看護の実践ができるかどうかは、一次病院を選ぶ上で重要なポイントになります。

7 治療により愛犬のQOLが低下した場合には、遠慮なく申し出ましょう

人と同様に、犬でもがん治療は少なからず体に負担がかかります。犬は苦しんでいても言葉にできないので、飼い主が十分に観察して愛犬の状態を把握してあげること

が大切です。

治療によりQOLが低下した場合には、一次病院でも二次病院でも、愛犬の状態について具体的に話をして対処してもらいましょう。動物がん医療の場合、犬のQOLの捉え方が獣医師と飼い主で一致しないことがあるかもしれません。遠慮せずに申し出て、適切な対応ができるようにしましょう。

愛犬の状態は飼い主が最も理解しているのだから、気になることは、遠慮せずなんでも獣医師に相談しよう

8 終末期ケアと安楽死について前もって考えておきましょう

治療が無効となったり、積極的治療をしないと決めた時には、その後の経過を想定しておくことが必要です。愛犬の状況が極度に悪化して、これ以上生かしておくことに飼い主が耐えられなくなった際には、安楽死を選択することもできます。また、飼い主の看護負担が過剰になった場合にも安楽死を考慮することはありますが、次頁に記載した外部サービスなどを利用して、乗り切っていくことも考えましょう。

終末期であっても在宅ケアになることがほとんどなので、あらかじめどのような対応が必要になるかを動物病院とよく相談しておくことをおすすめします。

終末期のケアをどうするか、安楽死を選択するかどうかなどは、差し迫った段階で考えるのではなく、ある程度心に余裕のある時に、前もって準備をしておくことが悔いを残さないことにつながると思います。

9 看護負担が重くなったら、外部サービスなどを利用しましょう

がん看護は、身体的にも精神的にも大変な忍耐が必要です。長期におよぶことも多く、大半は自宅で実施することになります。さまざまな状況によって、飼い主の負担は並大抵ではなく重くなることもありますが、無理をせず、全てを自身で受け入れることは避けるべきです。まず、かかりつけの動物病院スタッフに相談してアドバイスを受けた

ペットのがん看護に利用できるサービス

訪問看護の利用
・動物病院（往診専門の獣医師など）
・企業（動物看護全般のサービス）
・個人（愛玩動物看護師など）
施設の利用
・デイケア
・デイサービス
その他の代行サービス
・動物病院への送迎専用タクシー
・自宅訪問による愛犬の各種手入れ
・飼い主に代わるドッグシッター

り、訪問看護や在宅ケアサービスを依頼することを考えましょう。また、犬のデイケア・デイサービスの利用も解決策の1つになるでしょう。実施している施設は多くはありませんが、インターネットなどで調べれば、適した施設を見つけることができるのではないでしょうか。

過剰な看護負担を理由に、安楽死を選択することだけは避けたいものです。

10 QOLを維持して、最期まで付き合いましょう

動物医療は飼い主と動物のためにあるとよくいわれます。その意味は飼い主の都合を優先するということではありません。飼い主がいなければ、ペットは生きていけないからです。主体はあくまで動物であり、がんの動物のQOLを第一に考えて、治療や看護を実践したいものです。そして、責任を持って最期まで付き合いましょう。

11 生きとし生けるものに、永遠の命はないことを受け入れましょう

人であろうと動物であろうと寿命があります。生きとし生けるものには死が訪れます。命はいつか果てます。健康でできるだけ長く生きたいという願いは、誰もが願うことです。だからこそ、生きている間は精一杯毎日を過ごしたいものです。

そして、愛犬が終末期を迎えた時は、できるだけ苦しまないで最期を迎えられるように、飼い主として精一杯できることに集中しましょう。

おわりに

　この本は、愛犬のがんとどのように向き合えば良いのかをテーマにしました。がんと診断された愛犬を前にして、多くの飼い主は、最良の治療や看護とはどのようなものなのか、それらを実践するためにはどのような情報と決断が必要なのかを知りたいと考えます。本書の中で私は、飼い主として最良の対応を実現するためには、まずは犬のがんについて知ること、そして治療方針を決断する際は獣医師任せにせず、飼い主自身の意見を持って獣医師や愛玩動物看護師と対等に話し合っていくことが大切であると強調してきました。

　がんと向き合うことは、すなわち命と向き合うことに他なりません。飼い主の心理として、なんとかして根治できないかと思案するのは当然のことですが、問題なのは、全てのがんが根治できるわけではない、ということです。愛犬の命を守るためにがんと戦おうとすることは飼い主として当然の行いですが、根治が望めない場合には、がんと戦わないことも1つの選択肢です。がんと戦わないことは命を諦めることと同じで、飼い主として罪悪感と悔いを残すものであると考える方もいますが、私はそうは思いません。

がんは加齢に伴って発症する病気で、老化に伴う1つの現象と捉えることもできます。根治できない場合でも、限られた余命をがんと共に過ごすことは、何ら不自然なことではないのです。それを理解した上で、何もしないのではなく、できるだけ苦しみや痛みを除いて、なるべく自由に日常生活を送れるようにしてあげるのが、飼い主の務めではないでしょうか。

私は今、まもなく12歳になろうとしている大型犬のブービエ・デ・フランダースと暮らしています。人間の年齢でいえばちょうど私の年齢を追い越したぐらいでしょうか。毎朝一緒に散歩をしていますが、突然立ち止まってボーッとしたり、呼吸を整えてはフラフラと歩き出したり、時々階段を踏み外したりと、「さすがに歳をとったなあ」という想いに浸ることが多くなりました。これから先、どれだけ一緒に暮らしていけるのかと案じつつ、一日一日を過ごしています。こんなふうに感じるのも、少しずつ確実に近づいてくる愛犬の死を意識することによって、亡くなった後の悲しみをできるだけ軽くしたいという私なりの抵抗なのかもしれません。

以前にも、同じくブービエ・デ・フランダースとボーダー・コリーを飼っていました。彼らを亡くしたあとで後悔したのは、自治体の火葬場を利用したことでした。自治体の運営なので、費用が抑えられて、死亡届も同時に手続きができたことは大変ありがたかったのですが、遺体を預けた後、十分に弔う時間が取れず、それがいまだに心残りとなっています。そのような後悔を残さないためにも、今後はしっかりとしたお葬式をしてあげたいと考えています。

一方で、良い思い出となっているのは、記念写真を残したことです。妻のアイデアで、在りし日の愛犬たちが一緒に並んで笑っている写真を拡大し、オーダーメイドの素敵な額に入れて、リビングに飾っています。その記念写真が目に入るたびに、当時の良き思い出がよみがえります。亡くなったという喪失感は今ではほとんど感じずに過ごすことができています。

読者の皆さんにも、ぜひ犬のがんとその治療や看護について正しい知識を身につけていただき、愛犬との生活を最期まで楽しいものとして、後悔のないように過ごしていただきたいと願っています。

最後に、出版に際して大変お世話になりました緑書房の池田俊之さんと董笑謙さん、イラストレーターのヨギトモコさんに感謝いたします。特に、池田さんには本企画の前からさまざまなご支援をいただき、また私自身の都合による執筆の遅れにも励ましともに忍耐強くお待ちいただきました。心よりお礼申し上げます。

2023年11月

丸尾幸嗣

以前に飼っていた愛犬たちの記念写真。
楽しかった日々を思い出せるようにリビングに
飾っている。

現在の愛犬のディルとのツーショット写真。
毎朝の散歩がふたりの楽しみ。

参考文献

● David M. Vail, Douglas H. Thamm, Julias M. Liptak eds. Withrow & MacEwen's Small Animal Clinical Oncology Sixth ed. Elsevier. 2020.

● 平方眞著『看取りの技術』日経BP社、二〇一五年

● Donald J. Meuten ed. Tumors in Domestic Animals Forth ed. Iowa State Press. 2002.

● 小林正伸著『やさしい腫瘍学 からだのしくみから見る〝がん〟』南江堂、二〇一七年

● 日本臨床腫瘍学会編『新臨床腫瘍学 改訂第5版』南江堂、二〇一八年

● Susan M. North, Tania A. Banks. Small Animal Oncology An Introduction. Saunders. 2009.

● Mary Gardner, Dani McVety eds. Treatment and Care of the Geriatric Veterinary Patient. Wiley Blackwell. 2017.

● 丸尾幸嗣、森崇、酒井洋樹編『犬と猫の臨床腫瘍学』インターズー、二〇一三年

● 丸尾幸嗣、川部美史監『伴侶動物のがん緩和・支持療法とがん看護』緑書房、二〇二〇年

● 桃井康行著『小動物の治療薬 第3版』文永堂出版、二〇二〇年

● Beverly A. Teicher ed. Tumor Models in Cancer Research Second ed. Humana Press. 2011

● Alecsandru Ioan Baba, Cornel Câtoi. Comparative Oncology. The Publishing House of the Romanian Academy. 2007

● Gordon H. Theilen, Bruce R. Madewell eds. Veterinary Cancer Medicine Second ed. Lea & Febiger. 1987.

●藤田りか子著『増補改訂 最新 世界の犬種大図鑑：原産国に受け継がれた犬種の姿形 ４３０種』誠文堂新光社、二〇一五年
●Amir Shanan, Jessica Pierce, Tamara Shearer eds. Hospice and Palliative Care for Companion Animals. Wiley Blackwell. 2017.
●近藤誠著『「延命効果」「生活の質」で選ぶ。 最新 がん・部位別治療事典』講談社、二〇二〇年
●廉澤剛、伊藤博編『コアカリ 獣医臨床腫瘍学』文永堂出版、二〇一八年
●小松浩子著『系統看護学講座 別巻：がん看護学』医学書院、二〇一五年
●ニュートンプレス編『Ｎｅｗｔｏｎ ２０２０年７月号：死とは何か』ニュートンプレス、二〇二〇年
●山内照夫編『レジデントノート増刊第22巻11号：がん患者の診かた・接し方 病棟・外来の最前線でできること』羊土社、二〇二〇年
●森田達也、木澤義之、新城拓也編『続・エビデンスで解決！ 緩和医療ケースファイル』南江堂、二〇一六年
●Sanae Kubota-Aizawa, Yasuo Matsubara, Hideyuki Kanemoto, et al. Transmission of Helicobacter pylori between a human and two dogs: A case report. Helicobacter. 2021.
●信田卓男、圓尾拓也、川村裕子ほか著『犬の腫瘍５８－９例の疫学的分析』日本獣医師会雑誌、二〇〇八年
●駒澤敏、柴田真治、酒井洋樹ほか著『平成25年度岐阜県犬腫瘍登録データによる家庭犬の腫瘍発生状況』日本獣医師会雑誌、二〇一六年
●入江充洋、来田千晶、石田卓夫著『国内一次診療動物病院26施設における犬と猫の腫瘍発生状況調査』日本獣医師会雑誌、二〇一六年
●Jane M. Dobson. Breed-Predispositions to Cancer in Pedigree Dogs. ISRN Veterinary Science. 2013.

●丸尾幸嗣、福岡洋次、西尾照美著『バーニーズマウンテンドッグの健康と福祉を目指す疾病アンケート調査』公益財団法人日本愛玩動物協会二〇一八年度調査研究報告書、二〇一八年

●勝又夏歩、駒澤敏、丸尾幸嗣著『家庭犬の腫瘍発見経緯の解析』Veterinary Nursing. 二〇二一年

●Matthew Fife, Tiffany Blocker, Tina Fife, et al. Canine conjunctival mast cell tumors: a retrospective study. Vet Ophthalmol. 2011.

〈著者紹介〉

丸尾幸嗣（まるお・こうじ）

岐阜大学名誉教授、ヤマザキ動物看護大学名誉教授、丸尾幸嗣動物がん研究室代表。獣医師、獣医学博士、元日本小動物外科設立専門医、日本実験動物医学生涯専門医。1950年香川県生まれ。東京農工大学農学部獣医学科を卒業後、製薬企業、公益財団法人実験動物中央研究所での勤務を経て、母校に戻り獣医外科学の教育・研究・臨床に従事。岐阜大学にてがんをメインテーマとする獣医分子病態学（獣医臨床腫瘍学）研究室で初代教授を務め、附属動物病院にて腫瘍科を立ち上げるとともに、国内初の比較がんセンターである岐阜大学比較がんセンター（現在はOne Medicineトランスレーショナルリサーチセンターに再編）の設立に携わり、センター長を務める。その後、ヤマザキ動物看護大学動物がん看護学（比較腫瘍学）研究室にてがん看護学の教育・研究を行う。2020年丸尾幸嗣動物がん研究室を設立し、以後、現在に至るまで、がん研究・臨床歴43年の経験を活かして犬や猫のがん治療に迷う飼い主を支えるべく、飼い主や獣医師へのアドバイス・セカンドオピニオンを提供している。「伴侶動物がん医療における基礎及び臨床研究」で2020年度日本獣医師会獣医学術功労賞（小動物部門）を受賞。がん治療と看護の融合によって動物のQOLを最優先とする獣医療を目指す。比較腫瘍学やOne Medicineの考え方を獣医療に取り込むべく、探究を続けている。

丸尾幸嗣動物がん研究室ホームページ

https://dog-cat-cancer-lab.jp

愛犬ががんと診断されたときに読む本

Midori Shobo Co.,Ltd

2023年12月30日　第1刷発行

著　　者……………………丸尾幸嗣

発 行 者……………………森田浩平

発 行 所……………………株式会社 緑書房

〒103-0004

東京都中央区東日本橋3丁目4番14号

TEL　03-6833-0560

https://www.midorishobo.co.jp

編　　集……………………董　笑謙、池田俊之

イラスト……………………ヨギトモコ

組　　版……………………泉沢弘介

印 刷 所……………………図書印刷

ISBN978-4-89531-937-9　Printed in Japan